这是怎么回事？

食物是怎么回事？

[德] 西维亚·贝克 - 普勒斯特尔 著

[德] 桑德拉·海克斯 绘

朱雯霏　郭　萌 译

科学普及出版社

·北 京·

图书在版编目（CIP）数据

食物是怎么回事？ ／（德）贝克－普勒斯特尔著 ;（德）海克斯绘；
朱雯霏，郭萌译 . —— 北京 ：科学普及出版社 ,2015

（这是怎么回事？）

ISBN 978-7-110-08804-3

Ⅰ．①食… Ⅱ．①贝… ②海… ③朱… ④郭… Ⅲ．①食品科
学－青少年读物 Ⅳ．① TS201-49

中国版本图书馆 CIP 数据核字 (2014) 第 280977 号

Becker-Pröbstel/Reckers, WIE IST DAS MIT...DEM ESSEN

©2009 by Gabriel Verlag (Thienemann Verlag GmbH),Stuttgart/Wien.

著作权合同登记号：01-2012-5795

出 版 人　苏　青
策划编辑　肖　叶
责任编辑　郭　璟
封面设计　籎书装帧
责任校对　林　华
责任印制　马宇晨
法律顾问　宋润君

科学普及出版社出版

http://www.cspbooks.com.cn

北京市海淀区中关村南大街16号 邮编：100081

电话：010-62173865　传真：010-62179148

科学普及出版社发行部发行

北京盛通印刷股份有限公司

*

开本：720毫米×1000毫米 1/16　印张：7.25　字数：115千字

2015年4月第1版　2015年4月第1次印刷

ISBN 978-7-110-08804-3/TS·127

印数：1-10000册　定价：17.80元

目录

合理膳食——
孩子的游戏?

胡萝卜当然不是从罐头里长出来的,可是它们是从哪里来的呢?我们的食物都是从哪里来的?它们能做成什么?我们为什么这么爱吃甜食,却不爱吃蔬菜?食物究竟有没有健康和不健康之分?食物搭配不合理会怎么样?吃喝与你的成绩有什么关系?芭比娃娃漂亮吗?她能站得住吗?什么是布丁素食者?这些问题的答案都能在这本书里找到。

我还会告诉你,如何依据你个人的口味选择最佳的食物搭配,能让你像爱因斯坦一样聪明健康,年老了以后依然牙齿坚固、骨骼坚固。你在餐桌上总是会因为饭菜和父母争执不下吗?这再也不是问题了,因为看完这本书,你就是家里的饮食专家。你一定觉得难以置信,但就是这么简单。

吃什么?吃多少?多久吃一次?这些问题其实很重要,当你不知道如何决定的时候,也许就会这样问自己。你的背包里明明有奶酪全麦面包,可是课间休息的时候你还是情愿去学校小卖部买巧克力和果汁。你的爸爸妈妈正在等你回家吃蔬菜烤馅饼，但你可能更喜欢和朋友们一起大吃汉堡。你的奶奶说，你还得吃些健康的东西，她把一盘丰富的水果沙拉推到你面前，可你这时只想一个人安安静静地捧着一袋薯片看电视。你现在也许正在拨弄盘子里那些绿色的菜叶吧，因为你不想让奶奶伤心。你有时感到很气恼，因为你越长越胖，却总也不见长高。

你一定经历过这些情况，而且它们还在不断地发生。但你可以学会更好地处理这些情况。你会发现并没有那么难，因为最终你会知道：正确的饮食会带来很多乐趣，让你吃得更美味，成长得更健康！这就是我在这本书中想要告诉你的。

我们的食物是从哪里来的？

芝士汉堡不是在快餐店里长出来的

"哦耶，我们可以带上保尔喽！"罗宾兴奋地叫嚷着。

"只要保尔有兴趣，他爸妈也允许就行。"马舍克太太一边亲切地说，一边穿上她的夹克。

"去农场买东西？"保尔惊奇地问道。"是啊，我们经常去。那里有一个农场商店，什么动物都能瞧见。来吧，我们问问你妈妈允不允许。"罗宾说。

基本食品的来源和生产

在农场，有很多人生产和销售我们每天吃的基本食品，包括粮食，像小麦、大米；荚果，像大豆、扁豆和豌豆；鱼；肉；牛奶和鸡蛋。猪和牛为我们提供肉和香肠；奶牛为我们提供牛奶，我们还可以用牛奶做成奶酪、酸奶、黄油、奶油和炼乳；鸡会生蛋，你一定也爱吃鸡肉；羊毛可以用来织毛衣，羊肉、羊奶和羊奶酪也很美味。

正当两个孩子给保尔的妈妈打电话时，马舍克太太已经把汽车从车库里开出来了……

很快到达目的地，车门被飞快地打开了，罗宾跳了出来。

10

"快来,保尔,我们去看看那些动物!"他兴奋地喊道。

保尔犹豫地环顾了一下四周,不满意地捏了捏鼻子,然后赶紧把毛衣拉高:"哟,这儿可真臭!"

"乡下的空气里可没有玫瑰花的香味儿,"罗宾的妈妈愉快地说道,"牛棚里味儿更大哩。"

"好,我们去牛棚!"罗宾高兴地叫道。"来吧,我领你去看看安东。"罗宾跑了起来,保尔跟在后面慢慢挪着步子。

"你们一会儿去店里找我!"马舍克太太还在后面喊着,罗宾已经小心地推开了嘎吱作响的牛棚门。

"哞哞哞",叫声好不热闹,20双褐色的大牛眼警惕地打量着闯入者。保尔站着不动,用手捂住了鼻子。"天哪,真是臭得厉害。我们一定得进去吗?"他不情愿地抱怨道。

"里面味道就没这么厉害了,快进来吧。"罗宾这样哄他。保尔鼓起勇气向牛棚里走了几步。啪嗒!一条牛尾巴正好落在他脸上。

"哎哟,你这头蠢奶牛!"保尔吓坏了,大叫一声,躲到一边去了。他的脚陷进了一团热乎乎、软绵绵的东西里。

"你好啊,这是牛尾巴苍蝇拍。"牛棚黑乎乎的角落里响起了一个愉悦的声音,亮绿色的头巾下面一张调皮的脸露了出来。一个小妇人穿着一身脏兮兮的蓝色工作服,正在他们面前的那头奶牛旁边辛勤地工作。

关于农场和有机食品

我们有传统农场和有机农场，有机农场不使用农药，很少使用化肥，生产过程非常环保。有机农场的动物吃天然饲料，活动的机会也更多。在有些农场里人们可以采购农产品，还可以参观丰富多彩的农场生活。不能说有机水果和蔬菜就一定比普通食物更有价值，这还取决于食物的种类、新鲜程度等，任何苹果在商店里放久了都会丧失很多维生素 C。有机产品的味道和气味往往更浓，含有害物质更少，它们会被贴上"有机食品"的标签。

"真抱歉，我刚把挤奶机接上，所以它才会摇尾巴。啊，你好啊，罗宾！"她对他们的来访感到很高兴。

"你好，艾玛！"罗宾和她打招呼。

"你没事吧？"艾玛关切地问保尔。保尔正一边擦着自己的脸颊，一边惊恐地盯着他右脚的体操鞋，然后整个牛棚都响彻了"啊——"的尖叫声。

"噢，你踩到丽莎的牛粪了。"艾玛轻松地说，然后利落地用一束秸秆把牛粪扫掉了。保尔故作镇定，一声不吭地看着艾玛。"你回家洗一洗鞋子就行了。"艾玛说完这句话，就把这件事抛到脑后了。

"试试你的胆量，把手指伸进去。"艾玛立刻让保尔转移了注意力，她递给他一个挤奶机的奶杯。保尔对艾玛的挑衅毫无准备，把手指伸进奶杯。

"哎呀，它要把我的手指弄断了！"他恼怒地叫喊起来，飞快地把手抽了回去。罗宾站在一旁偷笑。

"用这个给奶牛挤奶，它们不会觉得疼吗？"保尔问，他很快从惊恐中缓过神来，好像已经把他那只臭气熏天的鞋子给忘了。

"不会。"艾玛大笑着说。

保尔吃惊地看着奶牛的乳房，奶杯正在上面轻轻晃动，他还想知道挤出的牛奶会用来做什么。

"用来喝或者加工成奶酪、炼乳什么的，你想尝尝吗？"

"不不，谢谢，我只喝袋装的牛奶。"保尔连声说不，他感到有点恶心。

"你以为袋装的牛奶是从哪儿来的？"艾玛问道。

"不知道，"保尔回答说，"不会就是从这些奶牛这儿得来的吧？"他问道，脸都惊愕得变了形。

"当然啦，难道你以为牛奶和雨水一样是天上落下来的吗？嘿，你是不是从来没到过农场？"艾玛这样猜想，她转向罗宾说道："来，告诉你的朋友牛奶是怎么加工的吧，你可是参观过整个过程的。"

罗宾一本正经地说："好吧。首先，牛奶会流进一个大桶里，然后会有一辆很大的银色奶罐车把牛奶运走。奶罐车还会去别的地方采集更多的牛奶，人们会把牛奶均……均……均匀化，还要八十灭菌，然后牛奶就可以包装起来出售了。"

"嘿，太棒了，罗宾，"艾玛激动地夸奖他，"差不多全说对了，不过你大概是想说'均质化'和'巴氏灭菌'吧。我们还会留一部分牛奶在农场里加工成奶油、奶酪和黄油，如果你们愿意的话，可以在店里尝尝奶酪。"

"怎么尝？"保尔问道，"可它们全都装在塑料包装袋里呀？"

从奶牛到玻璃瓶

没有加工过的牛奶，也就是生乳，会被采集车运到牛奶场检验。如果检验合格，牛奶就会被分离成奶油和脱脂奶。然后，牛奶场的人会决定生产什么样的牛奶，他们把脂肪重新添加到牛奶里，于是就得到全脂奶或低脂奶。然后，牛奶会从非常细小的喷嘴里喷出来，这样脂肪颗粒就会变得极微小，不会像生乳那样，脂肪全部浮在牛奶上方。"均质化"处理过的牛奶最后还要高温消毒，这叫作"巴氏消毒"，这样做能够延长牛奶的保质期。

"不，"艾玛摇头说道，"我们这儿的东西都是新鲜的，你买之前可以尝尝，看是不是合你的口味。"

"如果不合口味呢？"保尔继续问。

"那就可以不买，再尝尝别的。"

"这可太棒了！我们现在就去吧。"保尔对罗宾说道，他迫不及待地跑到了牛棚门口。

"等等！"罗宾喊道，"我还想去安东那儿呢。"

"去安东那儿？安东已经被宰了，谁知道呢，说不定他们还用它的肉做肉馅了呢。"艾玛小声嘀咕着。

"肉馅？你是说它现在已经变成汉堡了吗？"保尔不知趣地问道，"就像冷藏箱里拿出来的那些汉堡？"

"不晓得，你们知道吧，牲畜会被送到屠宰场去宰杀，然后卖给肉店或者批发商家加工。"艾玛说着，用手摸了摸前额，脚尖把地上的几根秸秆拨到一边。

基本食品有哪些用途

大工厂、面包房、肉店或者家庭都会对基本食品进行再加工。你一定吃过芝士汉堡，或者看过肉贩怎么做肉馅。小麦可以磨成面粉，在特殊的细菌的帮助下，我们可以用牛奶生产出酸奶和奶酪。

有时候，基本食品甚至会变得你都认不出了。豆腐是用大豆做的，薯条是用土豆做的，加了糖的蛋清还能做巧克力糖的夹心呢。

"是的，我知道，加工成红烧肉、牛排、香肠，还有别的。"罗宾补充说，他还咽了咽口水。

"还有汉堡。"保尔说道。

"你大概很喜欢吃汉堡。"艾玛轻轻微笑着说。她又打起了精神，"我得继续干活了，要不然那些牛就要来踢我了。你们如果有兴趣就去面包房吧，玛利亚正在那儿烤面包和小饼干。"

"你好啊，罗宾，你们来的正是时候。"一个身穿白色厨师袍的胖乎乎的女人招呼他们道，她黑色的头发上沾满了面粉，额头上全是汗珠。

"我还不认识你呢。"玛利亚试着盖过面包房里的噪声，她那双笑眯眯的蓝眼睛注视着保尔。

"这是保尔，我的朋友！"罗宾大声喊着回答道。保尔站在那儿瞪大了眼睛，四周的烤箱里全都闪烁着橘黄色的火光，里面有数不清的面包，表皮被烤成黄灿灿的。

这里很热。巨大的碗在大机器上旋转着，声音很大，而且闻起来香喷喷的。长桌上摆着颜色或深或浅的面包，架子上搁着水果蛋糕和发面糕点，大概有一米长的板子上一个挨一个地排列着成百上千个小饼干，散发着诱人的香气。

"刚出炉的，你们想不想尝一尝？这可是我的拿手绝活。"

面包——全世界都在食用的重要食物

全世界人都认识面包，从一千多年前就认识。面包是人类重要的食物之一，它含有你生活所需的很多营养。

各种各样的粮食，比如小麦、黑麦、大麦、燕麦，都可以用来生产面包。粮食被磨成面粉，然后和上水，揉成面团烘烤，这是最简单也是最古老的面包做法。但这种面包烤出来会很硬，加一些发酵粉或者酵母，面包就会变得松软。

中国人吃馒头，法国人爱吃长棍面包，阿拉伯人吃贴饼，美国人爱吃土司面包，墨西哥人则喜欢吃玉米薄饼。

两个小男孩还在猜测那是什么，玛利亚已经把一盘醋栗饼端到他们面前。

"嗯，真好吃。"保尔说着，又伸手拿了两块，先津津有味地舔掉了外面的糖衣。

"快停下！"玛利亚喊道，保尔和罗宾正两手抓着醋栗饼

想要塞满口袋。"闭上眼睛,把嘴巴张开。"像蜜一样甜的小饼干在舌头上融化了,那味道让人想起……圣诞节。

"这可是我最新研制的,从明天起你们就可以在商店里买到了,当然还有其他好吃的。"玛利亚骄傲地说。

"我要带一些走,"保尔兴奋地说,"这么多的面包,你们拿来做什么呢?"他很好奇。

"我们放在本店里或拿到市场上去卖,还有一部分送到面包店。你们想带些小面包走吗？”

"太好了，"两个小男孩异口同声地回答，"然后我们就能回家做芝士汉堡了。"保尔兴奋地补充说。

带着玛利亚给的一袋小饼干和热气腾腾的小面包，保尔和罗宾又上路了，他们的肚子已经吃得胀鼓鼓的，口袋里揣满了饼干，都垂了下来。他们来到了商店，罗宾的妈妈刚刚尝过了各种各样的奶酪，她的购物车里有胡萝卜、面粉和酸奶，黄褐色的纸袋里露出红色的辣椒和紫色的葡萄，还有绿色的圆白菜和色彩鲜艳的西红柿。

"看，饭后甜点！"罗宾骄傲地把一袋小饼干举到他妈妈

的鼻子跟前，保尔也从袋子里掏出小面包。

"哦，玛利亚总是这么大方。你们还饿吗？还是你们已经……"马舍克太太善解人意地微笑着问。

"我们很饿，很饿，饿极了，我们想吃芝士，芝士，芝士汉堡！"两个小家伙用 Hip-Hop 的节奏唱起来。

"哦，是个好主意！不过我们得先好好清洗清洗。"马舍克瞅着罗宾沾满面粉的夹克和保尔右脚的鞋说。他们去收银台结了账，然后就开车回家了。两个孩子激动地说着他们今天的经历，汽车里全是牛棚味儿。

"脱鞋，脱掉外套，去洗手！"马舍克太太一打开家门就下了命令。两个男孩儿不情愿地服从了指令，把脏兮兮的鞋子脱在门口，外套挂在衣架上，然后就冲进了浴室。罗宾的妈妈听见两个孩子在浴室里相互泼水嬉闹的声音。

"你们不想帮我做饭吗？"她在走廊里喊道。

两人冲进了厨房。"我以为会有芝士汉堡的，没有吗？"保尔问道。

"当然有啦，我们现在就做。"罗宾的妈妈一边说着，一边把胡萝卜、生菜和洋葱放在厨房的桌上。

"芝士汉堡就是用这些东西做的吗？"保尔把胡萝卜拎得高高的，不满地问。"这些胡萝卜长着绿色的须须，像是喂兔子的，我真的得吃这个吗？"

　　"是啊，然后你就会长出兔牙和长耳朵，就能听得更远了。"罗宾的妈妈捉弄他说，还大笑起来。

　　"等着吧，"罗宾说，"妈妈的芝士汉堡好吃着呢。"

　　"罗宾，把冰箱里的肉馅和奶酪递给我。"他妈妈说。

　　"呦，那肉还在淌着血水！"保尔看到肉馅的时候叫了起来。

　　"你怎么了？难道你没见过肉吗？"马舍克太太觉得难以置信。

　　"当然见过，只不过我们家的汉堡都是做好了放在冷藏箱里的，小面包是装在塑料袋里的，胡萝卜装在罐头盒里，至于芝士汉堡嘛，我们基本上都是从街角的汉堡商店里买来的。"

　　"哦，这种方式倒也可以。"罗宾的妈妈说。

速食食品

　　你一定喝过袋装的浓缩汤，也吃过冷冻比萨，这些食物做起来很简单，一般只要加热就可以了。它们已经处理干净，事先做熟了，装进罐子里，干燥或者冷冻起来。但是在加工过程中往往会丢失一部分颜色、口感和气味。为了让这些食物口味鲜美、色泽艳丽，人们往往会使用各种添加剂，比如色素。生产这种食品成本很高，而且它们的包装会加重我们的环境负担。

　　马舍克太太三下五除二就把碗里的配料搅拌好了，在罗宾和保尔这两个得力的小助手的帮忙下，汉堡很快就做好了。餐桌上已经摆上了玛利亚送的新鲜的小面包、生菜、干酪和番茄酱。罗宾和保尔迫不及待地把他们的芝士汉堡堆在桌上。

　　"嗯，真是太好吃了。"保尔刚咬了一口松软的芝士汉堡就禁不住说。"和我们在家吃的完全不一样，要我说，要是每天都是农场－面包房－汉堡日就好了！"

 ## 食物自己做，聪明乐趣多

　　如果一家人都参与到列菜单、采购、做饭这个过程中来，那就成了一件家庭盛事。你在这个过程中得到的经验甚至会对你的学业有所帮助。经常帮忙做家务的孩子往往在学校也能获得更好的成绩，因为在做家务的过程中你提升了计划、组织和计算的能力。采购时你能学会处理数字和重量；做饭时你得注意分配时间，以便土豆、鸡胸和蔬菜能同时上桌；切菜、剥皮、搅拌都会锻炼脑力；调味则会训练你的味觉。

　　和父母做一个约定吧，每周让你来做一次饭。你可以发挥创造力，按你的兴趣来做。你还可以给自己做的菜起有趣的或者恐怖的名字，比如鲜红的番茄汤可以叫"吸血鬼汤"——它尝起来味道一定会更好的。

食物是**怎么回事？**

 食谱：自制小面包

也许你读着故事已经来了胃口，也想像玛利亚那样烤出美味的糕点，那么就按下面的步骤试一试吧：

家庭快速自制面包法

你需要：

- 一只大碗
- 一把烹饪木勺
- 一只带烤箱纸的烤盘

做面团的原料：

- 150 克白面粉
- 100 克粗面粉
- 30 克燕麦片
- 3 茶匙发酵粉
- 一撮盐
- 250 克低脂炼乳
- 1 个鸡蛋

把配料放进碗里搅拌均匀，不断地揉面，直到揉成一个柔软的面团。把面做成小面包，放进烤箱，调到 200 摄氏度烤大约 15 分钟。你可以在面团里加上果仁、葵花子或南瓜籽、芝麻，这个小面包就是你自制汉堡的绝佳的原材料了。你甚至还可以在小面包的面团里添加蜂蜜、肉桂、坚果和切成小块的干果，然后你会能得到一个更美味的早餐小面包了。

对食物的偏好和厌恶是如何产生的?

安娜的生日

"我们饿死了！"四个孩子气喘吁吁地冲进厨房，齐声喊道。罗伊尔太太正在厨房里给小宝宝冲奶粉。

"妈妈，我们可以吃比萨了吧？"小寿星安娜急切地问。

"是的，马上，等我把奶瓶给小卡洛琳。"

"噢，罗伊尔太太，能让我来给小卡洛琳喂奶吗？求您了！"安娜最好的朋友雷拉请求道。"当然可以。"罗伊尔太太说，她带雷拉来到客厅，把卡洛琳抱到她跟前，然后递给她奶瓶。

"说不定小宝宝更喜欢吃比萨，不爱喝奶。"安娜的小客人马赛罗提了个建议。

"瞎说，她还太小了，连牙齿都没有呢。"安娜反驳道。

"我奶奶也没有牙齿，她就能吃比萨。"马赛罗学着奶奶的样子瘪着嘴说。

"可是，不管怎么说她有一副义齿。"马赛罗最好的朋友克里佐反驳道。

"好吧，好吧，我只是觉得总是喝奶太单调了，"马赛克缓和了争议，"等我长大了，我要发明一种瓶装比萨，这样宝宝从生下来就能尝到真正的美味。我还是小宝宝的时候我妈妈就喂我吃真正的比萨呢。"说完他就用病恹恹的声音哼着："比萨，比萨，比——萨，离开比萨我就活不成啦！"然后就像死

了一样躺到地上，突然间，他又跃起身唱了起来："快快快，快快快，我们来做地地道道的比萨饼。"惹得其他几个孩子笑得前仰后合。

"马赛罗，你疯了！"安娜说道，"来，我们开始吧。"

"安娜和我来烤土耳其比萨！"雷拉喊道，她已经从客厅里出来，很快加入了谈话。

"土耳其比萨，那是什么玩意儿？咦——土耳其比萨，那玩意儿能好吃吗？"马赛罗又发起了牢骚。

我们的味觉

舌头是我们的味觉器官，你能用它品尝出甜、酸、咸、苦、鲜等味道。鼻子也会帮助你感知味道，你一定有这样的体验：你感冒的时候就分辨不出苹果和洋葱的味道。对甜味的喜好是天生的，所以婴儿都喜欢喝奶。喜欢其他口味的食物，这是你从出生到一岁学会的。

"等着吧，尝尝就知道了。"从客厅传来罗伊尔太太的声音。

孩子们自己安排好分工，罗伊尔太太捧着案板过来了，上面有事先准备好的比萨面团。厨房里一时热闹非凡，冰箱门开开关关的声音，切菜的声音、搅拌的声音、笑声……充满了厨房，这个意大利比萨真有创意，孩子们准备放上小香肠、火腿肉、蘑菇、奶酪和罗勒叶。雷拉已经把这些配料准备好了，她现在在帮安娜打下手。

"阿嚏，阿嚏，你能帮我，阿嚏，帮我把肉馅盛到碗里吗？"安娜请雷拉帮忙。

"嘿，安娜，你怎么了？"克里佐关切地问道。

"是洋……阿嚏，洋葱。"安娜回答说，她两眼红红的含着眼泪。

"洋啊葱，洋啊葱……"马赛罗像意大利男高音歌唱家一样大声唱起来。

"噢，是因为洋葱，没关系，你等一等。"克里佐说着调皮地笑了一下，就从厨房跑了出去。他和罗伊尔太太说了几句话，过了几分钟，他咧着嘴笑着回来了，鼻子上还架着一副潜水镜，所有人都大笑起来。克里佐表情严肃地走到小寿星跟前，故意用低沉的嗓音说："安娜，我是你的私人切洋葱专家。"说着他就愉快地接下了这桩棘手的活儿。安娜很感谢他，她和雷拉一起准备比萨饼上的馅料。

你知道什么是"鲜味"吗？

我们的第五种口味是"鲜味"，这是一位日本研究者发现的。"鲜味"的意思就是"肉汁饱满、美味可口"，是指品尝肉、奶和奶酪时的口感。

"把肉馅放进碗里。"安娜读着菜谱。

"我们已经做好了。"雷拉说。

"把辣椒、大蒜和洋葱切成小丁，放进肉馅里。把薄荷叶和香菜切碎，番茄切成丁，也加进肉馅里。"安娜继续读。

"全都在里面了，除了洋葱。"雷拉说完看了一眼克里佐。

"女士们，完成啦！"克里佐高兴地说。他把自己的作品倒进肉馅里，然后摘下潜水镜。安娜和雷拉又往肉里拌了些番茄酱，用盐、胡椒粉和辣椒调了味儿，然后他们就把比萨放进了烤箱。现在是烤比萨的时间，所有人都去花园里玩了。

球像火箭一样飞上了苹果树，穿过密密麻麻的树枝，落进罗伊尔家种的红色醋栗果丛里，最后砸在精心料理的菜园地里嫩绿的生菜上。只有一小片生菜叶还在被醋栗染红的球下面探着脑袋。四个人惊慌失措地面面相觑。

"哦不，哦不，"雷拉担心地说，"你妈妈一定会生气的。"说完她小心地把球从生菜叶上捡起来。

你只吃你认识的东西

能吃的东西有很多：肉、鱼、蜗牛、贝类，甚至蚱蜢和甲虫，我们能消化植物的根、蘑菇等菌类、菜叶、果实。你一定只吃其中的某些东西，你吃什么食物，这是由你的家庭、朋友，以及你所处的文化圈决定的。你很习惯家中所吃的食物，它们让你觉得安全。有些非洲部落喜欢吃蠕虫，而我们觉得它很恶心。

"咳，瞎说，她才不会发现。"马赛罗说着，把砸碎的菜叶从菜园里捡起来扔进了肥料堆里。

"那今天就没有生菜吃了。"克里佐淡淡地说。

"你说对了，反正也没人爱吃生菜。"马赛罗幸灾乐祸地笑着说，一边把脏手在裤子上蹭干净。

"我爱吃，"雷拉说，"况且我们一会儿还要吃有生菜和酸奶的土耳其比萨呢。"

"那你一个人吃吧，我可不喜欢，太难吃了，还有生菜，那我就更不会吃了。"马赛罗很不礼貌地说。

"怎么，你不想尝尝吗？"克里佐奇怪地问。

"不，我只要想起来就浑身起鸡皮疙瘩。不，不！我只吃比——萨，正宗的意大利比萨，别的都不吃。这是从我爸爸那儿遗传的。"马赛罗挺起胸脯说。

口味是训练出来的

只有尝过 10 ～ 15 次以后你才会知道你是否喜欢某种食物，这种训练从你在母亲腹中的时候就开始了。你品尝到她吃下去的东西，然后习惯了它们。我们绝大多数人刚来到这个世界上的时候，都只吃一种食物，那就是母乳。它的味道也是和母亲所吃的食物相似的，它会影响孩子的口味偏好。四个月以后，大多数婴儿会吃胡萝卜粥，然后是土豆和肉，这时，孩子会学会品尝越来越多种类的食物，并认识不同的口味。

"从你爸爸那儿遗传的？这是什么意思？"安娜问。

"每次我妈妈抱怨我不吃生菜或者其他蔬菜的时候，我爸爸就会说，他也从不吃蔬菜，只吃比萨，照样长大了。"

"嗯，好吧，说得也对。"克里佐说。

"嗯，我已经闻到比萨的味道了。"马赛罗突然说道，他用力闻着。

就在这时罗伊尔太太冲他们喊道："开饭了！"孩子们像闪电一样冲进了屋子。这时门铃响了，安娜去开门。

"祝你生日快乐，安娜，生日快乐！"蕾娜阿姨和乌韦叔叔一起唱着生日歌，并向安娜祝福，他们递给安娜一个粉红色包装、系着紫色蝴蝶结的礼物。安娜好奇地想，里面会是什么呢？她决定吃完饭再打开它，这样她就能安心吃饭了。

"卡洛琳在哪儿？"蕾娜阿姨问。婴儿房里传来轻轻的哭声。"哦不，我想我们把她吵醒了，我去抱她。"蕾娜阿姨抱歉地说，她放下手袋，脱了外套，就赶紧去了婴儿房。

共同进餐

你一定很享受和朋友、家人一起用餐的乐趣。吃东西是一件美好的事，因此每逢节日或客人来访，家里总会有些好吃的。花一些时间和家人一起享受美食吧，你可以一边吃，一边讲述你经历的或听到的事情，聊些你的朋友、父母或者兄弟姐妹感兴趣的话题。饭桌上往往都欢声笑语不断，如果你能帮忙筹备一次聚餐，一定会从中获得更多的乐趣。

"这是怎么回事？"马赛罗吃惊地打量着客厅。

一张彩色的波斯地毯上并排放着两张桌子，房间里播放着土耳其乐曲，十支小蜡烛闪着烛光，桌上还摆着花花绿绿的餐巾纸。

"给你们的惊喜，我们现在在伊斯坦布尔，准备享用地道的土耳其比萨吧。"两个小姑娘满脸兴奋地说。她们一边像跳肚皮舞一样扭着腰，一边端着她们做的比萨和生菜、酸奶进来了。她们的神情既骄傲又充满期待，笑嘻嘻地瞅着两个小男孩，他们惊呆了。

"嘿，怎么，马赛罗，"罗伊尔太太喊他，"想让你们的比萨在烤炉里烧焦吗？"

"噢，天哪！"马赛罗大叫一声，立刻跳起来，和克里佐一起飞奔进厨房里，拯救他们的比萨。时间控制得刚刚好，现在两人像真正的餐厅服务员一样捧上了香脆的意大利比萨。蕾娜阿姨怀里抱着卡洛琳，乌韦叔叔已经坐在地毯上，罗伊尔先生也饥肠辘辘地从办公室赶回来了。

"这些比萨是谁的杰作？"罗伊尔先生好奇地问。

"我们！"两个小姑娘异口同声地说。

"这是土耳其比萨，"雷拉骄傲地补充道，"我们在家经常吃，味道棒极了。"

"……和酸奶、生菜一起吃吗？"罗伊尔先生想知道。

　　"是的,如果你喜欢。我们都是这样做,然后只要塞进嘴里就行了,就像吃意大利比萨一样。"雷拉调皮地说。

　　"你觉得好吃吗?"雷拉问克里佐,他嘴里塞满了土耳其比萨,使劲地点头。

　　"嘿,马赛罗,你吃点吧,我不也活着吗,味道真不错。"克里佐怂恿他的朋友尝一尝土耳其比萨。

　　"不,这些生菜叶,还把酸奶涂在这个奇怪的饼上,一个地地道道的意大利人是绝对不会吃这种东西的。那个，我至少算是半个意大利人。"他很快纠正了自己的话。

我们什么时候吃东西，我们为什么不吃某些东西

吃奶的婴儿只有饿的时候才会进食。当我们长大一些，就会因为各种不同的原因吃某种食物。圣诞节的时候我们吃烤鹅，我们吃薯片，因为它很流行。无聊或者心情低落的时候我们会吃甜食或者油腻的油炸食品。我们不吃不认识的东西，闻起来恶心的、苦的或者太咸的东西我们都不吃，或者那些口感奇怪的、吃了会放屁的东西我们也不吃，又或者我们某次吃得太多，有了不好的经历，便不再喜欢吃某种食物了。所以，厌恶或是特别偏爱某种食物都是完全正常的。

"我有个好主意，你的另外一半不想尝尝土耳其菜吗？你觉得呢？"蕾娜阿姨笑着问。她费力地抱着卡洛琳，因为这个小家伙也想尝点新鲜。

"看看，连小宝宝都想吃呢。"乌韦叔叔兴奋地说，他把食指伸到卡洛琳面前，立马被她紧紧抓住了，乌韦叔叔还没来得及抽开，卡洛琳已经津津有味地把比萨汁舔了个干净。

"哈哈，你们看，她更爱吃比萨，不爱喝奶。"马赛罗说，

"不过她还不会区分好坏。"他把蘸满了意大利比萨汁的手指伸过去。

"你也不会，你这个胆小鬼。"雷拉冲撞了他，马赛罗气得跳了起来，一个地地道道的意大利人是绝对不会允许这样的话再说第二遍的。

"什么，胆小鬼？我可是世界上最勇敢的意大利人！"马赛罗傲气十足地说，他抓起一块最大的土耳其比萨，脸上一副不怕死的表情，加了生菜和一大勺酸奶，把比萨整个卷起来咬了……一小块。大家全都大笑起来，画满问号的眼睛统统盯着马赛罗。他面无表情地咬啊咬，一小口一小口地从比萨的右边咬到左边，又从左边咬到右边。然后像个专业的美食鉴赏家一样，喝了口水，摇头晃脑地自言自语道："没那么糟糕，可以吃。"

大伙儿为他的勇气热烈鼓掌。

"安娜，说说你都收到了什么礼物？"乌韦叔叔转移了话题。

"爸爸妈妈送了我一辆自行车，有八个挡，是红色金属的，现在我已经能一个人骑车上学了。"安娜一口气说。

"太好了，那我可以邀请你一起骑车去池塘边野餐吗？周六怎么样？"他接着问，并打量了一下四周。蕾娜阿姨、安娜的爸爸、妈妈都点头表示同意。

"哦，谢谢你，乌韦叔叔！"安娜高兴地抱住他的脖子，两人一起向后倒去。

"我们也带上你的朋友们，如果他们想去的话。"乌韦叔叔直起身来，大方地邀请他们。

"非常感谢！"大伙儿同声回答道。

"你还收到了什么礼物？"蕾娜阿姨好奇地问。

"雷拉送给我一本友谊纪念册，克里佐和马赛罗送了我一个小笔袋，可以用来装我的画笔，你和乌韦叔叔……"安娜突然像被毒蜘蛛咬了一样一跃而起，跑去拿礼物盒子，她都差点忘了。"你们送了我一个……"她迫不及待地拆开精心包装的礼盒，"你们送给我……这是什么？一件绿色的斗篷！"她惊喜地叫道，"……还有，哇，一件连帽衫，太棒了，是我最喜欢的颜色。"她太高兴了，兴奋地试穿起来。"看呀，这连帽衫，雷拉，你觉得怎么样？"

雷拉很赞赏地点点头。

"这件斗篷正适合我骑自行车穿！"安娜开心地喊着。

"关灯！"厨房里传来的声音打断了大伙儿的谈话。安娜激动地关上了灯。有个噼噼啪啪的声音正在向客厅移动，客厅越来越亮了，妈妈捧着一个十分漂亮的生日蛋糕走了进来，蛋糕上点着十支蜡烛，还有一个烟花喷着银色的火光。

"谢谢！这是我过的最美的一次生日。"安娜感动地说，她蜷缩在连帽衫里，伸手去拿最后一块土耳其比萨。

 让食物和饮料带来更多乐趣

在你的家庭里肯定也有一定的用餐规则，比如：不能发出吧嗒吧嗒的吃饭声，嘴里塞满食物的时候不能开口说话，要用餐具体面地用餐，桌子底下总是有碎屑或者把桌布弄脏都是不礼貌的。这些规则很重要，不过你大概不是时刻都照做不误。和父母约定把某些日子作为"玩乐日"吧，这会给你们的用餐

带来新鲜感。

这里有一些创意:

- 用手指或脚吃饭

  让餐具待在抽屉里吧,全家人都用手指吃饭。如果你们觉得这不够刺激,就试试用脚吃吧,那将会是真正的挑战!

- 用刀叉吃饭

  像欧洲人那样吃饭:所有家庭成员人手一副刀叉,这就开始啦——你们一定很好奇,爸爸是怎么把面条塞进嘴里的。

- 蒙着眼睛吃饭

  相互帮忙把眼睛蒙上,在黑暗中吃饭。即使你们之前已经留意到盘子里有什么(以及在什么位置),你们同样会发现,蒙着眼睛吃饭太难了。

- 丸子日、意大利面日、巧克力日或者骑士日

  一整天你们只吃意大利面、丸子或者巧克力——早餐、中餐、晚餐。在骑士日,你们要像古代的骑士一样吃东西——只用一把刀和手指,把桌子弄得一塌糊涂。

之后你们再一起收拾。

● 在月光下野餐，或者在儿童房钻到被子里野餐
  带上你们最喜欢的菜肴，在一个特别的地方或者不同
  寻常的时间野餐，比如：晚上在花园里，雷雨天在汽
  车里，或者干脆在下雨或下雪的天气钻进儿童房的被
  子里。你们会发现，突然间所有东西都变得特别好吃！

● 用刀叉吃薯条
  试一试，用刀叉吃那些平时用不着餐具的食物，比如
  薯条、梨、小饼干或者巧克力。你们会大吃一惊，这
  比你们想象的要困难得多。

这只是几个建议，你的想象力是无限的。告诉父母你
的主意，如果他们想不出什么好的建议，就把这本书给他
们看吧。

 学会吃水果和蔬菜

不是每天都是"玩乐日"，在平常的日子里，你应该多吃
些你不太爱吃的食物。你不爱吃的往往是蔬菜，有时会是水果。

原因可能是各种各样的——也许你压根还没吃过某种水果或者蔬菜，也可能是因为你不喜欢某种做法。

小贴士：

● 能不能甜一点？

有些蔬菜是甜的，比如玉米、番茄、豆子、南瓜、红萝卜、大头菜、彩椒。其中一定有你爱吃的。

● 食物的做法：

有时候蔬菜不好吃是因为做法不对。蔬菜可以生吃、煮着吃，也可以稍加烘烤、煎炸或者炖着吃。另外，蔬菜还能加在蔬菜面、奶酪烤饼、酥饼面团或者水饺馅里。如果把蔬菜做成酱加在调味汁或者汤里，我们就看不到它们了。请父母同意和你一起用不同的方法来做蔬菜吧。

● 加工对口味有很大的影响：

苹果汁的味道和苹果不太一样，整个苹果啃起来和切成块的也不太一样，小块的苹果尝起来和大块的不一样，煮熟的苹果和油炸的苹果或者生苹果或者晒干的苹果干尝起来味道都不一样。

● 左手或右手：

用左手吃东西和用右手吃东西，味道真的不一样，不信你试试！

● 刀叉、筷子、手指：

用手或使用餐具吃东西味道是不一样的。我们进食的速度也会不同，用手指吃是最快的，用筷子吃就会非常慢，而且很小口。

食物金字塔——
怎么吃最营养

菲利克斯与馋嘴教授探索金字塔之谜

"咔咔，咔咔，咔咔。"什么声音？菲利克斯屏住了呼吸，他壮起胆，踮着脚尖，蹑手蹑脚地走下楼梯，悄悄地推开了厨房的门。什么也没有！

"咔哧咔哧。"菲利克斯小心翼翼地接近发出声音的地方，然后猛的拉开食品柜的门。他眼前躺着半根手指饼，搁板上还有一包打开的小熊橡皮糖，几乎已经倒空了。

"你……你……你……你是什么东西？"菲利克斯结结巴

巴地说，吓得用力关上门。有东西从里面又慢慢地打开门，还传出一个低沉的声音，那声音听起来很机械，像是电子玩具的声音："我是吃得饱星球的馋嘴教授，我的任务是研究地球上的居民都吃些什么。你的管子在哪儿？"

菲利克斯目瞪口呆地注视着他，柜子里的这个东西只有一只眼睛，他圆滚滚的小身体塞进了一条红色的背带裤里，一件蓝衬衣裹着他的上半身，在他身体的一侧，不，两边都有，菲利克斯发现了两个很奇怪的洞口，里面有东西在蠕动。哦，有一个外星球的小人坐在巧克力和爸爸最喜欢的小饼干中间，手里还抓着一个小熊橡皮糖！

合适的汽油

我们一生中会吃喝掉大约 70 吨的食物和饮料，而饮食搭配至关重要。我们的身体就像汽车一样，如果烧的"汽油"不对，车就跑不快，甚至要送进维修站。依据食物金字塔，你就能给身体加上合适的"汽油"了。

"管子，什……什……什么管子？"菲利克斯完全愣住了。

"进食管和饮水管呀，分别在左腔和右腔用来吃东西和喝水的地方。"那个罕见的东西指着自己身体上的两个洞口说，"大蒸汽机负责吃喝，肚脐扫描仪会辨认正确的食物组合。"

"哦——"菲利克斯惊讶得说不出话来。

"不停地吸入，直到达到吃饱喝足的状态。"那个电子声继续说道。

"咦，吃饱喝足的状态？"菲利克斯问，他一句话也听不懂。

"就是食物和饮料把肚子全部填满的状态，瞧，这是肚脐扫描仪、填充状态指示器、导航仪。"馋嘴教授指着自己肚皮上的指示仪器挨个解释道。

吃什么是什么

只有饮食健康的人才能活得健康。你的身体昼夜不停地在"建造"和"拆卸"，这需要正确的"建筑材料"。在这个过程中产生的垃圾必须从身体里清除掉。"建筑材料"是通过食物来供给的，我们的嘴、胃和肠子能把食物磨碎，并进行消化，然后营养物质会跟随血液被运送到各个器官的每一个细胞中进行"建造"。

菲利克斯的眼神落到了带钟表的导航仪上。"呀，我该去学校了。"他失望地说。

"学校好，我也去。"馋嘴教授决定跟菲利克斯去上学。

"好吧。"菲利克斯回答道，教授已经闪电般迅速地消失在菲利克斯的裤兜里。

消化从口腔开始

食物的消化从口腔中就开始了。你的牙齿能把食物嚼碎，你的唾液中有一种酶，能把面包中的淀粉分解成糖。你可以取一小块面包放在嘴里嚼上一会儿，看有没有甜味。

菲利克斯终于气喘吁吁地赶到学校，已经开始上课了。走廊空荡荡的一个人也没有，菲利克斯轻轻地推开教室的门。

"菲利克斯，早上好啊！"女老师蒙特跟他打招呼。"你今天怎么来得这么晚，发生了什么事吗？"

"不……不……不，没没事。"菲利克斯满脸胀得通红，支支吾吾地说，然后走到座位上小心地坐下，生怕压到裤兜里的馋嘴教授。

蒙特老师身边站着另一位女士，鼻梁上架着一副红色的小眼镜，有一头乌黑的卷发。这是他们的营养顾问，菲利克斯差点把她忘了。这位女士正在给同学们讲关于正确的营养饮食的知识。裤兜里没有一点动静，菲利克斯尽量专心地听她解释食物金字塔。

"就像红绿灯一样，这些绿色的拼图是我们优先选择的食物，我们每天有 15 块用植物生产的食物的拼图，你们早餐吃了哪些用植物生产的食物呢？"营养顾问问大家。

金字塔——你的每日饮食拼图

金字塔一共由 22 块拼图组成。它解释了每一类食物在你的日常饮食中应占的比例，根据拼图的颜色和数量，你就能判断哪类食物应该大量食用，哪类食物应该适量地吃，哪类食物应该少吃。

菲利克斯想起了休息时间要举行面包大赛，可他忘了带课间餐。

"对了，小面包、麦片、香蕉，"营养顾问重复着同学们的答案，然后继续说："还有四块黄色的拼图，最后有三块红色的，其中一块是你们最喜欢的甜食。"

"只有一块甜食，却要吃那么多水果和蔬菜，真没意思。"菲利克斯闪过一个念头，"哎，说不定可以把金字塔……"

金字塔拼图让你吃得更聪明

金字塔中各种拼图的数目与你每天应该摄入的食物和饮料的份额是一致的，它们是：6份不含糖的饮料，5份蔬菜、沙拉、水果，4份面包和谷类，3份牛奶和奶制品，1份肉、香肠、鱼或者蛋类，另外还有2份黄油或人造奶油、食用油，1份甜食或咸味零食。这些加在一起，你每天刚好要吃22份食物。

菲利克斯的眼睛越瞪越大，那些数字把他的脑袋弄得嗡嗡响。他假装无意地把手伸进裤兜里，就是馋嘴教授待的地方，可裤兜是空的！馋嘴教授已经跳到桌上，好奇地打量着四周。

"5份水果和蔬菜，一大把或者两把那么多吗？"他用那种电子声问道，18个脑袋齐刷刷地转向他。

"什么，谁，怎么……"营养顾问惊讶得下巴都快掉下来了。蒙特女士吓晕了，跌坐在椅子上，孩子们全都被吓得目瞪口呆。

所有的人都还没缓过神来，馋嘴教授就向大家自我介绍道："请允许我自我介绍，我是吃得饱星球的馋嘴教授。"他嗡嗡地说。

孩子们既害怕又好奇，慢慢地向他围拢过来，目不转睛地盯着他看。菲利克斯想找个地洞钻进去，蒙特女士脸色苍白地靠在椅子上。

"我正在研究人类的饮食习惯。"教授一边解释，一边向营养顾问致意。

用手量食物

手是最好的测量工具，1份就是一手或两手的量。1份肉就相当于手掌心的大小；1份面包就相当于五指伸直的手的大小；1杯水一手刚好能握住；像土豆、草莓、麦片面和米饭，1份就相当于用手抓两把。每天吃的甜食和零食不能超过一把，每天只喝一杯果汁。

"欢迎你，馋嘴教授先生！"营养顾问定了定神，向教授

致意道，就好像这是一件再正常不过的事情。

"我听懂了，红的、绿的、黄的，一次全部吃掉吗？"这位天外来客问道。

"教授先生，我们每天有三到五次用餐时间，而且盘子里的食物是五颜六色的。"

"一大盘小熊橡皮糖，太棒了！"教授脱口而出。

"五颜六色的意思是，你要尽量多吃不同种类的食物，每次正餐都要吃水果、蔬菜或者沙拉，还有粮食产品，就像黄色拼图里的那些。"营养顾问耐心地解释道。

每天食用 5 份水果和蔬菜

水果和蔬菜中含有许多抗病物质，因此，食用种类丰富的水果和蔬菜是很重要的，你最好每天能吃 5 份水果和蔬菜。有些颜色是能尝出来的，例如青椒的味道就不同于红辣椒。你一定玩过猜小熊橡皮糖的游戏，闭着眼睛吃一颗小熊橡皮糖，然后猜出它是什么颜色的。

"三块拼图，每种颜色各取一块。"馋嘴教授一边自言自语，一边把这些字敲进一个蓝色的小仪器里，它看起来就像一部大手机。

"对，"营养顾问肯定地说，然后向大家喊道："面包大赛时间到了，所有的人都从书包里拿出面包吧！"她利用这段间歇给蒙特女士倒了杯水，帮她站起来。馋嘴教授向她礼貌地致歉，然后就回到菲利克斯的肩膀上去了，其他孩子还是禁不住好奇地盯着他俩。

正确的食物搭配

只要一点小技巧就能轻松地把 22 块拼图分配到每一餐中。你每天最好吃四到五餐，三次正餐，也就是早餐、中餐、晚餐的时候，你可以从三类食物中各挑选一些，另外两次用餐比较随意，你可以从两类食物中挑选。请你假设把盘子分成四份，其中两份应该是蔬菜，一份是土豆或米饭或面，第四份是肉类，比如鸡蛋、奶酪、肉。如果你每餐都喝饮料，那么你就多出了五块饮料拼图。

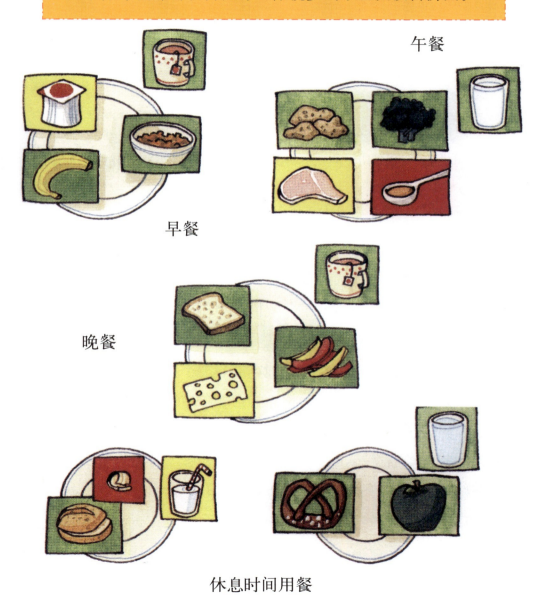

午餐

早餐

晚餐

休息时间用餐

"本尼的香肠面包，任何时候都是最好的！"本尼说着，骄傲地把他的猪肝肠面包举得高高的。

"都在这儿了吗？"营养顾问问道。

"黄色的、绿色的，啊，还少一样。"他说着，用指尖从菜盘里捏出一根胡萝卜。

"我这儿有面包房里最好吃的糕点！"这时路易吉喊了起来，把他的红色包装袋举过头顶。

"那么给我们展示一下你那个神奇的袋子里都有什么吧。"蒙特女士要求道。

路易吉表情神秘地拿出一个小面包。突然，他慌张地盯着自己的糕点，小面包上原来沾着葡萄干的小坑全都空了。

"嘿，谁偷了我的葡萄干？"他生气地喊道。

"我的小面包也不见了！"伊娜也叫了起来。

"我的香蕉，我的香蕉哪儿去了？"玛丽急得团团转。

"一定是教授干的。"菲利克斯心想。

"香蕉蛇面包！"一个响亮的声音喊道。这时馋嘴教授不知从哪里冒了出来，骄傲地把他的超级面包交给两手空空坐在那儿的菲利克斯。香蕉几乎像一条真的小蛇一样躺在面包里，两个棕色的葡萄干大眼睛友善地看着菲利克斯。

玛丽、路易吉和伊娜全都祝贺菲利克斯拿了面包大赛的冠军，在一片欢笑声中，面包很快填饱了孩子们饥饿的小肚子。蒙特女士已经恢复了精神，她从学校厨房取来了一杯奶昔，馋嘴教授在孩子们好奇的目光注视下把它倒进了他身体右边的洞口里。

"谢谢！达到吃饱喝足状态了。"过了一会儿，他嗡嗡地说。然后，他向蒙特女士和营养顾问鞠了个躬，对着孩子们眨了眨眼睛，打开了他的导航仪。

"吃得饱星球训练课程，飞行速度：光速。"

只听一阵嘶嘶的声音，突然馋嘴教授就被一团白色的云雾包围着飞出了窗外。

"再见！"菲利克斯小声地说。然后他拿起彩笔在练习本上画了一个很棒的绿－黄－红金字塔。

 全家一周饮食计划

　　有了食物金字塔，你就能和父母一起制订一个丰富多彩的周末饮食计划了。每周你可以安排吃三次肉，一到两次鱼或者鱼肉棒。每周安排一天吃汤菜，一天吃鸡蛋，还可以有一天吃甜食，可以考虑奶油饭或者奥地利煎饼。主食可以吃土豆、米饭和面条，要记住：每餐都要有蔬菜和水果。

　　下面是可以参考的一周饮食计划：

- 第一天：土耳其烤肉，配卷心菜沙拉和酸奶酪（一种白色蘸料）

　　　　　饭后餐：奇异果

- 第二天：薄煎饼配枫糖浆和香蕉

　　　　　饭后餐：肉桂酸奶

- 第三天：花椰菜砂锅米线配水果奶酪

　　　　　饭后餐：覆盆子冰糕

- 第四天：肉丸配土豆沙拉和小西红柿

　　　　　饭后餐：香草布丁和草莓

- 第五天：鱼肉棒配土豆泥和奶油菠菜

　　　　　饭后餐：蜜橘冰沙

- 第六天：蔬菜汤配饺子

　　　　　饭后餐：苹果卷配香草汁

- 第七天：烤鸡胸、香米、卷心菜沙拉

　　　　　饭后餐：鲜橙汁

营养物质——你身体所需的一切物质

食物是你赖以生存的东西。你的身体依靠消化食物来获得能量，身体会从食物中获取它所需要的物质，这些物质就是营养物质。如果你每天都摄入正确配比和数量的营养物质，你就会变得强壮。像白面包、含糖饼干、糖果、含糖分的饮料这些食物很可口，但是营养物质含量很低。吃这些东西也能饱，但你很快就会嘴馋，如果继续吃甜食，你就没有胃口再吃那些富含营养物质的食物了。

你身体所需的各种营养物质：

● 蛋白质

蛋白质是构建身体的一种重要物质。老化的细胞需要新细胞来代替，你的身体每天都需要各种功能的蛋白质。土豆和蛋类、麦片和牛奶、全麦面包和奶酪，这些食物搭配食用，均衡地摄入动物蛋白和植物蛋白，对身体大有益处。太多地摄入肉类蛋白会加重身体负担。

● 脂肪

你的身体需要少量脂肪。皮肤下面的脂肪能够保温，还能像软垫一样保护内脏。海洋鱼类、坚果和植物油中的脂肪会让你健康、聪明；香肠或者巧克力等甜食中的脂肪营养价值较低。

● 碳水化合物

对于大脑、肌肉和机体细胞来说，碳水化合物就像壁炉里的柴火，没有它可不行。碳水化合物就是长长的糖链，其中的糖分，也就是你的能量物质，会缓慢而均匀地进入血液。你可以从麦片、土豆、米饭、全麦面包、面和蔬菜中获取这些"燃料"。

● 植物纤维

如果没有植物纤维，你根本就没法上厕所。在胃里，它会膨胀，这样你就感觉吃饱了；在肠子里它就像牙刷一样，会收集有害物质，并很快把它们运送出去。蔬菜、水果、粗粮，以及黄豆、扁豆、豌豆等荚果都富含植物纤维。

● 维生素

维生素是不可缺少的，否则我们就会生病。各种维生素是以字母命名的，你一定听说过维生素 C。你的身体只需要少量的维生素，如果你经常吃各种蔬菜和水果，那么你的身体一定不缺少维生素。糖果或者其他食品中添加的人工合成维生素对身体并无益处，很可能摄入过量，因为食物中添加多少维生素是没有一定标准的。

● 矿物质

矿物质包括铁、钠等化学元素，你可以从食盐中获得一些。它同样对你的身体很重要，不过这取决于摄入的数量。很多微量元素，如碘、铜，你只需要极少量，过多就会具有毒性，对你的身体造成伤害。如果你的饮食丰富多彩，就不会有这样的危险。

甜 食 与 儿 童 食 品

雅各布梦见糖果乐园

水果软糖蝴蝶在空中飞舞，妈妈正从胡椒蜂蜜饼房子的心形窗户冲着雅各布微笑，紫的、红的、绿的、黄的、蓝的，五颜六色的糖果像鸽子一样停在树上，甜甜的棕色巧克力从白色的糖花里慢慢滴落到雅各布张开的嘴里。天空中下着白糖雨，金黄色的煎饼漂浮在杏仁果酱的海洋里，一个草莓冰激凌球从棉花糖山峰上滚落下来，越滚越大。"嗯，真好吃！"雅各布嘴里嘟囔着转了个身。

享受美味

甜食和零食都是美味的食物，如果只是一个人干巴巴地吃或者作为看电视时的消遣就太可惜了，你应该学会享受它们。花点时间好好享受这些美味吧，比如做完家庭作业的时候，或者把它们作为饭后甜点，或是与朋友、家人一起品尝，遇到特殊的日子也可以享用。你每天的食谱里都可以有甜食和零食，只要你把"身体能量"的总体成分搭配好。

从很远的某个地方传来敲门声，雅各布皱了皱眉头。

"该起床啦！"他听到妈妈的声音，她正在敲房门。

"草莓冰激凌……"雅各布打了个哈欠，揉了揉眼睛。

　　房门开了一条缝，妈妈伸进脑袋朝里看。雅各布一下清醒过来，他看着妈妈大声喊道："草莓冰激凌！"

　　"草莓冰激凌，当早餐吗？"妈妈吃惊地问。

　　"对，早餐要吃草莓冰激凌！"雅各布要求道，仿佛这是个完全合理的要求。

　　"好吧，亲爱的，要加巧克力酱吗？"妈妈笑容诡异地问，接着就进了厨房。

　　"要许许多多巧克力酱！"雅各布在后面喊道，他有些生气。

　　为什么妈妈就不能认真对待他的要求呢？为什么她不把加了巧克力酱的草莓冰激凌端到桌上？早餐就不能吃草莓冰激凌

吗？大人有时候真奇怪，草莓冰激凌是草莓做的，妈妈明明说"水果很健康"。妈妈真无知，老担心我蛀牙，卡里、巴士和牙医的故事（挪威儿童木偶剧《蛀牙虫流浪记》，卡里和巴士是两只蛀牙虫。）她已经讲了几百遍，我的牙不还是好好的吗？难道吃甜食会闹肚子吗？才不会，味道奇怪的扁豆汤才真的会让人肚子疼呢。雅各布大声叹了口气，闷闷不乐地拖着步子进了洗漱间，他拿起刷牙的杯子，无精打采地放到水龙头下面，可立刻又收了回去，只用湿手指擦了擦眼睛，就算洗完了。

"雅各布，你在哪儿？"

"这就来！"雅各布飞快地穿上衣服跑下楼来。妈妈手里捧着一杯草莓冰激凌站在那里，雅各布难以置信地揉了揉眼睛，妈妈这是怎么了？

"雅各布，赶紧吃掉你的草莓冰激凌，否则今天中午你就吃不到蔬菜了，这是给你休息时间吃的。"她说着把一大块爸爸的酸奶巧克力塞进雅各布的裤兜里。

妈妈一定是疯了。

"祝你上学愉快！"她在雅各布额头上狠狠地亲了一口，和他告别。妈妈大概终于理解孩子需要什么了。上学好没劲，雅各布觉得很累，没法集中精神。放学回家的路上他把剩下的巧克力全都吃掉了。

早餐是最重要的一餐！

　　早餐为你的一整天打下基础，只有吃好早餐，你才能在接下来的一天中发挥出所有的能力。从前面一章你已经知道了营养的早餐是什么样的。如果你不饿的话，早餐可以少吃一些，等到课间休息的时候再吃一点面包。只要有牛奶和水果，即使是干玉米片也能变成营养早餐。

　　"开饭了！"妈妈喊道。雅各布简直不敢相信自己的眼睛，桌子上放着一杯巨大的草莓冰激凌，上面浇了巧克力酱，还点缀着彩色的糖粒，冰激凌旁边是一盘花椰菜烤饼。雅各布迫不及待地开吃了，他不确定地偷偷看了一眼妈妈，可她一点反应也没有。只是，冰激凌好像不那么好吃了，雅各布拿着勺子的手鬼使神差地伸向了花椰菜烤饼。

　　"不行，先把你的冰激凌吃完！"妈妈表情严肃地说。妈妈到底是怎么了？雅各布极不情愿地又吃了一口冰激凌，然后又伸手够花椰菜烤饼，可妈妈的动作更快。

　　"不行，你先吃完冰激凌，不然就没有蔬菜吃。"

　　"妈妈，妈妈，我再也不爱吃冰激凌了！"雅各布绝望地叫了起来，"那只是个梦！"

"哈哈，"妈妈说，"你的意思是你梦见草莓冰激凌了？"

"嗯。"雅各布点点头，向妈妈描述了他梦见的糖果乐园。

"原来是这样，所以你才嚷嚷着非吃草莓冰激凌不可？"

"是的，但那只是个梦而已，现在我一点儿也不喜欢吃了。"

"那么，现在把你梦里所有的甜食都画下来吧，这样我就知道不该做什么给你吃了。"

"好啊，只要我不用再吃这个冰激凌！"雅各布说完就跑进了自己的房间。

晚上，他把那幅画举起来给爸爸看。"感觉不错啊，一个糖果乐园，哈哈，雅各布，这个捧着草莓冰激凌的小男孩是你吗？"爸爸问。

"要我给你拿果酱煎饼来吗？"这时，妈妈笑着问。爸爸看看雅各布，又看看妈妈，一头雾水。

"明天再吃吧，"雅各布回答道，"妈妈，我现在真的想吃夹肠的花椰菜烤饼。"

妈妈满意地走进了厨房，晚餐总算吃了正常的饭菜，愉快的周末就要到来了。

甜食吃多少？

一只手的量刚刚好，对于巧克力棒，你可以用你中指的长度作为标杆，每天吃薯片不超过手抓一把的量。每天最多喝一杯果汁或柠檬水、一小杯可可，果酱不要超过一勺。

星期六早晨，全家一起吃过早饭，雅各布就突然钻进了自己的房间。过了一会儿他出来了，手里捧着一个彩色的长盒子。

"爸爸妈妈，看！"雅各布举起他手中的盒子，盒子外面画满了糖果和冰激凌蛋筒。

"这是什么，雅各布？"妈妈好奇地问，"看起来棒极了。"

"这是我的零食箱，"雅各布骄傲地回答道，"这里面每个星期装七样零食，我每天吃一样。"

"那就是说，你从现在开始每天只吃一样零食？"妈妈惊讶地问道。

"没错。"雅各布回答，仿佛这是世界上最理所当然的事情。妈妈觉得难以置信，她还惦记着草莓冰激凌的事。

如何使用零食箱

零食箱是一个小盒子或者小罐子，它可以帮助你安排每天的零食。你要决定你的零食箱里装什么，你哪天要吃什么零食。如果你和父母总是为吃零食的问题争执不下，你们就应该一起想一想，你们在一起还可以做些什么，可以是除了吃零食以外你们想做的任何事，比如阅读、见朋友。大人有时候也会吃过多的薯片和甜食，当父母不遵守你们的"零食规定"的时候，你可以礼貌地提醒他们，因为"零食规定"对全家人都有效。

"那现在要做什么呢？"爸爸问。

"现在我们一起去超市，我来挑选下星期想吃的零食，然后把它们装进我的零食箱里，爸爸，你也要有自己的零食箱。"

"什么？"雅各布的爸爸惊愕喊道，"我可是大人，根本不需要什么零食箱。"

"不需要吗？"雅各布用手指戳了戳爸爸的肚皮，"这是怎么回事？"

爸爸尴尬地摸了摸圆鼓鼓的肚子，说道："雅各布，你知道，在我这个年纪……"

　　"汉斯，给！"妈妈笑着说，"拿着这个空盒子，我觉得雅各布的主意太棒了。你们现在就出发吧，这是购物清单，别再买覆盆子味的儿童酸奶了，只能吃出橡皮糖和色素的味道。"

儿童食品是怎么回事？

　　早餐麦片、儿童香肠、手指饼和薯条这些儿童食品都是专门为你们生产的。儿童食品的包装色彩鲜艳、图案花哨，对你们很有吸引力。许多饮料和儿童食品中所含的糖和脂肪比你们想象的要多很多。这其中隐藏着很多骗局，有时包装上写着"不含糖"，其实里面是含糖的。牛奶的含量也往往比包装上画的瓶装牛奶要少得多。

爸爸和雅各布来到了超市，他们先把妈妈列的购物清单上所有的东西都放进了购物车，然后雅各布就开始挑选零食了。他突然发现，要从那么多甜食和零食里挑出七样太难了，它们全都充满诱惑力。

"麦棒、薯条、酸奶布丁、柠檬软糖、儿童巧克力、棒棒糖、黄油饼干……"

"雅各布，够了！我们已经买齐了，爷爷奶奶马上就要来喝咖啡了。"爸爸一边满意地把购物车推向收银台，一边说道。

"你好啊，雅各布！我们给你做了儿童巧克力！"

雅各布羞愧地盯着地面。"谢谢奶奶！"

"怎么了，雅各布？你不高兴吗？"

"不，不是，奶奶，可是我刚才已经跟爸爸去超市买了巧克力。"雅各布说着把零食箱举到奶奶面前。

"我明白了，那我们把巧克力带走？"奶奶问。

"哦，不，最好不要。"雅各布赶忙接过巧克力。

"嗨！太好了，你们都来了，快进来坐！"妈妈端来了咖啡，大家全都舒服地围坐在一起。"跟甜食的战斗终于结束了。"她如释重负地说，"孩子们在课堂上做了这个零食箱，还学会了怎么对待甜食。"

"没错，爷爷，我们这周参加了很多活动，我们去了农场，还烤了面包，还制作了小熊软糖呢！"雅各布兴奋地说。"对了，奶奶，你们不用每次都给我带巧克力了。"

"不用了？可你不是最喜欢吃巧克力吗？"奶奶惊讶地问。

"是，以前很喜欢，只不过有时候吃得太多了，至少妈妈是这样认为的。"雅各布很快地补充道。

你可以吃这些东西来代替甜食

你尝试过干果、奶昔、水果干酪或者水果沙拉吗？它们或许可以削减你对甜食的兴趣。不过蜂蜜可不是个好选择，它比糖更容易黏附在牙齿上。你一定知道无糖甜食，或者叫益齿性甜食，但它们也同样含有碳水化合物和脂肪，会造成腹胀或腹泻。你可能见过你的奶奶或者你的父母食用甜味剂含片，少量食用这些含片对牙齿就不会造成伤害。

"很理智啊，看来我孙子真的长大了。为了奖励你，我教你下棋。"爷爷很高兴，他让妈妈拿来棋盘和棋子。星期六在快乐和笑声中很快就过去了。

新的一周开始了。门铃响了，雅各布的妈妈去开门，原来是雅各布的同班同学拉拉、丽茜和本雅明。"您好，希勒太太！"他们齐声问好。

雅各布的妈妈感到出乎意料："你们突然到访真让人愉快！只不过雅各布还没完成作业呢。"

"所以我们才会来这儿，"丽茜说，"我们今天在学校讨论了甜食和儿童食品的话题。"

过量食用甜食会造成什么后果？

　　食用过多的甜食会导致乏力症状，你会变得容易疲劳、烦躁不安、苍白无力，或者对做任何事都没有兴趣。甜食还会损害你的牙齿健康。每天在某段时间吃一次零食比时刻都吃一点要好。甜食、甜味饮料和果汁不仅不能填饱肚子，反而会让你很快觉得饥饿。另外，很多这类食物中除了糖以外，还含有大量的脂肪，很容易使你发胖。

"我们要玩侦探游戏，找出糖和脂肪，林德纳女士是这样说的。"拉拉解释道。

"快进来！"雅各布在客厅里喊道，他已经把作业本打开了。

"哦，看来你们有很多事要做，"雅各布的妈妈说，"那就开始吧，我回办公室去了，有事给我打电话。"

"谢谢您！"本雅明礼貌地说。

"快，我们开始找糖吧。"雅各布决定立刻开工，他开始读作业本上的字："找到包装上的成分表，从表中找到碳水化合物的含量，然后用这个值除以3，因为一块方糖的重量是3克，而且方糖中只含糖。得到的结果就是食物中所含的方糖的大概数量。"

丽茜从雅各布的零食箱里拿出儿童巧克力，读到："净重30克，我现在要做什么？"

"碳水化合物的含量是多少？"雅各布问。

"这儿写着9克，"丽茜回答，"热量502千焦耳。热量，我妈妈每次想减肥的时候总会提到这个词。"

"好了，那我们用9除以3，那就是3。"本雅明算着。

"这根儿童巧克力里有3块方糖，这么多呀！"拉拉总结道。

"嘿，伙计们，这盒儿童酸奶里有6块方糖还不止呢！"

本雅明喊道。

"太可怕了，我特别爱吃儿童酸奶，现在怎么办呢，里面全是糖吗？"拉拉抱怨道。

什么是"焦耳"？

焦耳是食物中所含的热量的单位。人们在实验室特定的条件下燃烧有机物，然后测量出由此产生的热量，这些热量就用焦耳为单位。当我们说食物热量的时候，常用千焦耳表示。一个人每天需要多少千焦耳的热量，取决于他的体重、身高、年龄和一天的活动量，甚至还与天气有关。

"我有个主意，你们有没有兴趣来一次特别的酸奶大餐？"雅各布说完果断地把一盒白色的酸奶倒进了碗里。"我们来做酸奶酪吧，比酸奶好吃多了，很有趣，比儿童酸奶的糖少，而且维生素更多呢。"他向其他人解释道。

大伙儿都很兴奋，一起帮忙剪开酸奶的包装，很快就用叉子把水果浸在酸奶里了。

"雅各布，你们家有没有彩色的小糖粒和椰蓉？"丽茜问。

"当然有了，这个主意太棒了，我们把水果在小糖粒里滚一下。"雅各布说着就跳起身，从柜子里拿来那些东西。

"嗯，这真是太好吃了！"拉拉满嘴含着酸奶说。

大家把盛酸奶的碗都吃空了，这时雅各布说："来吧，我们现在来玩脂肪侦探的游戏。"说完他把几张吸水纸放在桌上。

"没错，我们需要奶酪、巧克力和意大利香肠。"丽茜显得很积极。

"你家有薯片、小熊饼干和坚果吗？"本雅明问。

孩子们找来这些食物，把它们放在吸水纸上。

"现在要用吹风机来烘干。"雅各布说完就从浴室拿来了妈妈的吹风机。

他先把吹风机对着一片香肠，淡红色的香肠被热风烤得卷了起来，渐渐变成了深红色。越来越多的脂肪闪着油光，就要从吸油纸上溢出来了。

"太不可思议了，这比肉里的脂肪还多呢！"本雅明很气愤。

"我现在来融化软糖！"丽茜美滋滋地说，她从雅各布手里抢过吹风机，对着软糖吹呀吹，可是小熊软糖一点变化也没有，几个孩子尝试了几分钟就放弃了。

"没有脂肪，"他们失望地说，"快，我们再试试奶酪。"拉拉提醒大家，她从丽茜手里接过吹风机。

"看，奶酪出汗了！"本雅明突然叫起来。

"它的边缘都融化了。"拉拉同情地说。

"哇，快看，奶酪上出现好多窟窿……哦，它现在更扁了。"雅各布感到非常惊奇，拉拉关掉了吹风机。

孩子们观察着长满窟窿的奶酪片，奶酪的四周也出现了一圈脂肪。他们兴致高昂，又把坚果、薯片、巧克力和他们在厨房找到的其他所有食物全都"侦查"了一遍。

"这是我们做过的最棒的家庭作业！"丽茜说完，一屁股坐在厨房椅子上。

"如果你们现在能把厨房收拾一下，那就更棒了！"是雅

78

各布的妈妈，她从办公室回来了，"为了奖励你们，我带你们去爬山。"

"太好了！"所有人都欢呼起来，厨房瞬间就变得像新的一样。

看一看——这么多糖！

下面这些食物中含有极大量的糖，即使人们很难相信。你知道吗？

食物	量	方糖数量（块）
1 杯果汁、可乐、柠檬汁	200毫升	6 ~ 9
5 颗小熊橡皮糖	10 克	3
1 盒儿童酸奶	125 克	6
1 块儿童巧克力	30 克	3
2 茶匙牛轧糖奶油	20 克	4
2 汤匙番茄酱	40 克	3

食谱：水果巧克力烙饼丝
（适合 4 个孩子食用）

你已经知道如何使用零食箱了，除此之外，你还可以偶尔和朋友一起亲手制作甜食。这一点都不难，而且，如果你需要，父母一定也会帮助你。自己制作甜食的好处是：整个菜谱里用到的糖比一杯柠檬汁里的糖还要少！

你需要：

- 2 只碗

- 1 个搅拌器

- 1 个平底锅

配料：

- 200 克面粉

- 1 汤匙可可粉

- 4 个鸡蛋

- 2 茶匙糖

- 200 毫升牛奶

- 100 克脂肪含量 1.5% 的纯酸奶

- 1 ~ 2 汤匙油

- 糖

把面粉、糖、可可粉、发酵粉、牛奶和纯酸奶放进一只碗里；把鸡蛋的蛋清和蛋黄分开（请你的父母帮忙），把蛋黄放进碗里；然后用搅拌器把所有配料和成面团。

把蛋清倒进另一只碗里，用搅拌器把蛋清搅拌成白色细泡沫糊状，然后倒进面团里一起搅拌。注意：在搅拌蛋清之前要把搅拌器洗干净！

现在把油倒进平底锅中加热。接下来把面团分成2～3块，放进锅里煎熟。每块面团煎3～5分钟，直到变成棕黄色，翻面后用叉子把面团撕成小块继续煎，直到所有表面都变成棕黄色，然后倒进盘子里。撒一些白糖，还可以根据季节和个人口味搭配苹果酱、香蕉或者新鲜的浆果一起享用。要趁热吃哦，刚出锅的烙饼丝味道是最棒的！

丽莎与时光机

空气中弥漫着棉花糖和烤杏仁的味道，炸土豆的小摊周围飘着浓浓的蓝色油烟，诱人的炸香肠一个挨一个地躺在烤肉架上。

"嗯，真好吃！"丽莎一边吃着她的第二块巧克力华夫饼干，一边一言自语道。她正一个人无聊地闲逛，看到其他孩子坐在旋转木马上幸福地尖叫。

饿还是馋？

你一定有这样的经验，当你闻到饼干或者新鲜面包的香味时会流口水，虽然你不饿，却很馋。如果你的体重已经超出正常范围，那就有必要在吃东西前问一问你的肚子是否饥饿了。如果你在两次进餐之间不吃任何东西，只喝水，你的身体就能更好地分解脂肪，你也会更明显地感觉到饥饿。

这时，她突然看到几个红色的大字："时空旅行"，后面是一座像火箭一样的蓝色建筑，它的两侧有黄色的机翼，顶上的红灯闪烁着，看来它就要起飞了。

"嘿，孩子们，你们敢不敢来一次时空旅行呢？"一个头发花白的小老头正夸张地挥动着胳膊招揽顾客。

　　丽莎转过身，她不确定要不要去，正好看见她的两个同学弗罗里安和漂亮的蒂娜也在，他们正在分一袋爆米花。三个人你看看我，我看看你。

　　"我们去吧！"弗罗里安决定了。"快来！"他对着两个犹豫的姑娘喊道。"能看到未来，哈哈，这一定很有意思。嘿，胖墩儿丽莎，你一定希望自己能像芭比娃娃一样苗条！进去吧，看看到底有什么神奇的。"弗罗里安嬉皮笑脸地说。

梦想成为芭比

科学家计算过芭比娃娃身体各部分的比例，如果芭比娃娃是有血有肉的人，她的身体根本无法站立。此外，她的体重过轻，根本无法存活，因为她的肚子连肝、肾、胃、肠这些最重要的器官都装不下。

蒂娜和丽莎相互看着。"弗罗里安，如果你想让我生气，那你就慢慢等着吧。"丽莎自信地回击道。说完她缩起圆鼓鼓的肚子，跟着蒂娜和弗罗里安钻进了舱口。

时光机的驾驶舱里疯狂地闪烁着红色、绿色和黄色小指示灯，三人瞪大了眼睛，一边好奇地东张西望，一边在三个拥挤的驾驶座上就位了，驾驶座旁边还挂着安全带。他们面前有好几个显示屏，上面有从 0～50 的数字不停地跳跃着。"咔！"舱口自动关上了，只听喇叭里传来低哑的声音："未来还是过去——做出你们的选择吧！"

关于骨头的轻重

体重过重可不是因为骨头沉，你的骨架的重量只占你整个体重的 1/10 左右，因此骨头轻或重对你的体重并无多大影响。对于一个体重 70 千克的人来说，他的骨头就是 7 千克左右，就算他的骨头更沉一些，最多也就增加 2 千克的体重。

"我觉得这太……太奇怪了，我们还是从这儿出去吧。"蒂娜不安地说。

"哎呀，别像个缩头乌龟似的，"弗罗里安一边说着，一边调整了一下坐姿，系上了安全带。"这只是骗人的把戏。"然后，未经两个女孩同意，他就大喊了一声："未来！"

时光机开始发出低沉的隆隆声，突然，整艘火箭都转了起来，越转越快，越转越快，直到三人眼前天昏地暗。他们还以为它会永远这样转下去了，但不知什么时候火箭又慢了下来，最后"嘎吱"停止了。

"这比我昨天坐的过山车还恐怖，"弗罗里安使劲摇着脑袋说，"我要从这儿出去！"

突然，三个屏幕上都显示出数字10，显示器上出现了图像。

"嘿，丽莎，快看哪，你面前的显示器上好像是你自己，但又有点不一样。"蒂娜很激动，但她只敢小声地说。

"这，这……这不可能，现在是2009年，可屏幕上的我穿的T恤上印着'汉堡大学2019届'，那就是说，我将来会上大学咯？"

"而且你变得那么瘦。"蒂娜皱着眉头，仔细打量着屏幕上的丽莎说。

"哇，"弗罗里安也心服口服地说，"胖墩儿丽莎变成了模特丽莎！那我们会变成什么样呢？"

什么是美？

美丽没有清晰的界定标准，因人而异，每个人都有自己的眼光。一些人觉得长发很美，另一些人则喜欢金黄色的短发。即使一个人没有模特般的身材，比如大腿过粗、胸部很小或者腿很短，你也可能很喜欢她，这样的人在我们眼里也可能是美丽而且有魅力的。

"啊哈，赶紧看你的！不然就被你删掉了。"丽莎说着朝他腿上轻轻踢了一脚。

"够了！"蒂娜惶恐地瞪着眼睛大叫起来。另外两人立刻朝她看去，他们也看到了蒂娜所看到的：她面前的屏幕上是一个老了十岁、身材臃肿的蒂娜，她披散着头发，正在往超市的货架上上货。

"这根本就是胡扯！"弗罗里安为了安慰蒂娜故意喊道，"真是愚蠢的集市，简直瞎胡闹！"

尽管如此，他还是眯着一只眼睛偷偷看了眼自己身前的屏幕，不，这是真的吗？在一架喷气式飞机上当机长！

"这可是我的梦想！"他又惊又喜地喊道。

"我看够了，"蒂娜说完果断地拉动了一根操纵杆，那上面写着"自动—现在"。时光机又隆隆作响，动了起来，三个显示屏又开始闪烁。

丽莎看着自己的屏幕，只见屏幕上的自己在镜子前快乐地转着圈，从衣橱里取出一件漂亮的花裙子。

易瘦体质与易胖体质

科学家已经证实，易瘦体质的人如果摄入了超过身体需求的热量，这些多余的热量也能燃烧掉。

相反，易胖体质的人会把多余的热量储存起来。但是，无论你是易胖体质还是易瘦体质，只有营养均衡，低脂低糖的饮食才能带给你所有的营养物质，使你骨骼强壮、牙齿健康，对提高你的工作效率也很重要。

"嘿，快看哪，我将来的身材棒极了！哈哈，到时候就没人能把我逗生气了。你们相信这是真的吗？"丽莎不太敢相信。这时蒂娜坐在自己的显示器前面，摆出一副满不在乎的样子。

弗罗里安和丽莎都被屏幕里的未来生活迷住了，这时时间又从未来回到了现在。

丽莎看见自己站在浴室的体重秤上，她简直不敢往下看了。

小胖子丑吗？

几个世纪以前，人们认为肥胖是美的，所以，那时候消瘦的女人会把她们的胸部和臀部填充得丰满，你能想象吗？随着时代的改变，如今的小胖子经常会被其他孩子排斥，甚至被叫成"胖墩儿"。这使那些胖孩子很沮丧，也很孤独，有些孩子会因此吃得更多，因为他们需要安慰自己，或者打发无聊的时间。

"哦不，现在的我越来越胖了。"过了一会儿她喃喃地说，屏幕上的丽莎正在自己的房间里跟随着吵闹的音乐做运动。

"还有……咦，这是什么？营养咨询？我在做营养咨询！"丽莎很兴奋。"嘿，你们看，太棒了。真的有营养咨询这回事！蒂娜，我要和妈妈去做营养咨询，你想一起去吗？"

营养咨询师

如果你想确切地知道你的食物营养搭配是否最佳，或者你有关于饮食的疑问，都可以和你的父母一起去见你们那儿的营养咨询师。当然，如果你有体重问题，或者不能吃某种食物，也应该去做营养咨询。

"我是绝对不会去的，这里的一切全是胡扯！"蒂娜生气地骂道。她这会儿已经懒得搭理那块屏幕了，只顾吃着爆米花，盼着这次"旅行"赶紧结束。

饮食账单

有一个小窍门能帮你弄清楚你都吃了些什么。用一个小本子或者便签纸把一周内你吃或喝进肚子里的东西都记录下来，即使只是一颗糖果或者一杯苹果汁。你也可以把食物金字塔作为模板，把你每天吃了哪类食物标记在上面。

"还有这儿……弗罗里安，蒂娜……"丽莎痴迷地看着屏幕喊他们，可就在这时屏幕闪了一下就关闭了。驾驶舱里又闪烁起各种颜色的指示灯，他们进来的那个舱口自动打开了。

"哇，这比我预想的刺激多了。"弗罗里安说，丽莎也心潮澎湃，只有蒂娜无动于衷，不停地往嘴里塞爆米花。

丽莎突然着急走。"明天学校见！"她向两人告了别，就急匆匆地往家跑，连集市上那些美食散发的香味她都闻不到了。"我要做点什么，我要做点什么。"这个念头在她脑袋里盘旋。吃晚饭的时候她把时光旅行的事告诉了全家人。

"丽莎，别忘了吃饭！"妈妈提醒她说。丽莎的妈妈感到很不可思议，因为平时她总是要提醒女儿不能吃太多。

用蜗牛的速度细嚼慢咽

你的肚子和全身都能感受到饱的感觉，但是要在开始进食 15 分钟之后才会感觉到，因此，细嚼慢咽很重要，只有这样你才能准确体验胃部的感觉。喜欢狼吞虎咽的人会在短短几分钟内往肚子里塞进过多的食物，往往会超过他们所需要的量。

"妈妈，你能带我去见营养咨询师吗？"丽莎突然问。

"当然了，只要你愿意，我明天就预约。"

睡觉前，丽莎照着镜子小声对自己说："这一切很快就会改变。"然后她就爬到床上，睁着眼睛躺了很久，她在梦想崭新的未来。

太胖还是太瘦？

对于儿童来说，不存在统一的正常体重，因此，你是太瘦，还是太胖，或者胖瘦刚刚好，这都很难回答。计算正常体重有很多种方法，但对于儿童来说都不适用，因为他们还在成长。你也许听说过"身体质量指数"（BMI）这个词，但那只适用于成年人。如果你和父母都不确定你的体重是否正常，你们最好去找儿科医生询问。

不要让体重带来压力

● 你不必每天测量体重。即使你很在意自己的体重，一周称一次也足够了。你最好能选择一个固定的日期，尽量少穿衣服，在同一个时间测量体重。很多孩子在 12 岁以前比较胖，之后就会长高变瘦。如果体重突然增长，你也不必过于担心，也许只是因为你长高了。

运动使你苗条健康

● 如果你的体重确实超标了，那么仅仅靠饮食来调节是不够的，你每周至少要做三次运动，每次持续一小时。除了运动，做家务，除草等活动都能帮你燃烧多余的能量。关注一下你所在的城市的社团活动，或许能找到适合你的。你还可以步行或骑自行车上学。伴随着动听的音乐跳舞，甚至做家务，都能带来乐趣。在你的电脑旁边放上闹钟和球拍，每天坐在电脑前面的时间不要超过两个小时。

不同的饮食类型——
素食者、完全素食者……

丽欧尼和扬在动物园

　　"爸爸，妈妈，到底什么时候开始呀？狮子都饿坏了！"
扬激动地喊着，因为他看见狮子躁动不安地在笼子里走来走去。

　　"马上就开始了。"妈妈安慰他说。

　　"我什么也看不见。"听到丽欧尼的抱怨，爸爸就把她举
起来，让她坐到自己肩膀上。

　　"爸爸，狮子吃什么？"扬很想知道。

　　"它们只吃生肉，你应该知道的。"爸爸回答。

"它们不用吃水果和蔬菜吗？"扬说。

"不，狮子也需要这些食物的营养，扬，你知道它们是怎么获得的吗？"

"不知道。"

"狮子会猎食那些食草动物，它不仅吃它们的肉，也会把它们的胃吃下去。"爸爸解释道。

"真的吗？可是狮子可以自己吃植物，不用把别的动物杀死呀。"

"你说的有道理，不过狮子大概对植物没兴趣，它看着草就会想，我还是去吃美味多汁的斑马肉吧。"

"如果它找不到肉，一定会饿的。"丽欧尼肯定地说。

"是的，它会很饿，然后就会被别的动物吃掉，或者嚼几片叶子，那样它可能会拉肚子呢。扬，丽欧尼，我也不太清楚。"爸爸回答。

"爸爸，爸爸，开始了！哦，那……么大的牙齿，狮子也能把我吃掉吗？"丽欧尼担心地问。

"当然了。"爸爸说完就朝她张大嘴巴，把她从肩膀上放下来，要去咬她的脖子。"我要把好吃的小丽欧尼吞下去。"他故意学狮子的怒吼声，轻轻咬着丽欧尼的耳朵，她兴奋地尖叫起来。

正确的饮食和错误的饮食

　　人是杂食性的，但是生活在不同地区，具有不同体质的人需要不同的食物。比如，因纽特人吃很多脂肪含量高的鱼类，在寒冷的环境中有助于保暖，而在温暖的南印度，人们主要吃素食。除了你已经知道的一些基本原则以外，没有一种饮食是对所有人来说都是正确或错误的。对于动物来说也是如此，即使是那些纯素食或纯肉食的动物。

　　一个身穿绿色工作裤的男人提着一只银白色的桶走进了猛兽馆。他从一个装了栅栏的小窗户往里瞅，然后从一个活动

的小门慢慢往里塞裹着深红色瘦肉的大骨头。一只公狮子大吼一声朝美味的食物扑了过去，它把大爪子深深地扎进肉里，用长而有力的尖牙咬着肉左右撕扯，一下子就撕下一大块肉来。

母狮子低吼着，它也弄到一块肉。饲养员的桶已经空了，他小心地闩上小门，就转身离开了。

不要吃太多肉

肉是一种蛋白质含量很高的食物，但是它也含有不利于健康的脂肪，可能会让我们生病。过多食用肉和香肠的人往往体重超标，蛋白质也不能完全吸收。废料和脂肪会在血液中聚集，它们会堵塞血管，或者像窗玻璃上的雪花一样沉积在手指和脚的关节处，这就是人们所说的痛风，会非常疼。

"你为什么从这个小门给狮子送肉？"丽欧尼问饲养员，他刚好从他们身边走过。

"因为走进狮笼太危险了，它们可都饿着肚子，正等着食物送上门呢。"饲养员亲切地说。

"你现在还要去喂别的动物吗？"丽欧尼很好奇。

"当然啦，那些蛇还饿着呢。"

"那它们吃什么呢？"扬问。

"它们吃老鼠和仓鼠，你们想过来瞧瞧吗？"

"哦，想！爸爸，妈妈，饲养员叔叔要带我们去看蛇吃东西，能让我们去吗？"两个孩子央求道。他们的父母非常赞成饲养员的提议。

什么是节食？

你一定听说过某人不能吃糖或者牛奶和奶制品，有些人甚至不能吃水果和蔬菜，否则就会拉肚子。这些人一生都要节制某种饮食，为了避免饮食不全面造成的疾病，他们需要服用维生素等营养补充剂。

在热带室旁边的屋子里放着很多笼子，小白鼠、老鼠和棕白相间的小仓鼠在里面窜来窜去。

"它们，它们要死了吗？就因为蛇饿了？"丽欧尼看着笼子里的小仓鼠，一边抽泣一边说，豆大的泪珠从她的脸上滚落下来。"蛇就不能吃别的东西吗？"她问。

"不能，虽然蛇吃的肉不多，但它毕竟是食肉动物，自然界就是如此。"饲养员边说边耸了耸肩。"你们一定也爱吃烤鸡胸和肉排吧？"他问兄妹俩。

"当然，我最爱吃肉排加薯片。"扬说，丽欧尼瞪大了眼睛看着他们俩。

"我们人吃的动物也会被杀死。"饲养员向她解释道。

"那我再不吃肉了！"丽欧尼双手叉腰大声宣布。"那些动物多可怜啊！妈妈，我再也不吃肉了！"

素食者吃什么？

素食者是指那些不吃鱼和肉的人，可能是出于宗教、健康或者不想杀害动物的原因。他们吃大量的水果、蔬菜和沙拉，但也喝牛奶，吃奶制品。素食者都很注重饮食，他们大多都很健康。儿童如果只吃素食会很容易生病，儿童中的素食者容易疲劳、注意力不集中，成长发育往往不理想。

"可以啊，"妈妈愉快地回应，"那你连小香肠也不吃了吗？"她问。

"不，不吃。"丽欧尼有点犹豫了。

"好，那我们等着瞧哦。你们还想去看大猩猩吗？"妈妈催促道。看蛇生吞那些小动物也让她感到不舒服，想呼吸一点新鲜空气。

布丁素食者

那些因为不忍心杀害动物而选择素食的人被戏称为"布丁素食者"。但他们的饮食既不丰富也不健康，他们吃布丁、蛋糕、糖，还有很多不健康的快餐和速食食品。

"想，去看黑猩猩和大猩猩咯！"扬兴奋地喊着，大家都很开心，跟已经投入工作的饲养员道了别。

"妈妈，我渴了。"丽欧尼说。

"可是我现在没有喝的，过一会儿我去买。"在去猩猩室的路上妈妈哄着丽欧尼说。

"爸爸，快看，大猩猩长得真像你！"扬指着浑身是毛的人猿咯咯笑着说。

"那是当然，我就是从猩猩变来的呀。"爸爸微微一笑，就学起大猩猩的样子捶胸顿足。

"爸爸，"丽欧尼小心翼翼地问，"你又想吃掉我吗？"

"不，大猩猩……嗯，据我所知，只吃水果、种子和叶子。"爸爸解释道，他立刻亲了一下丽欧尼的脸颊，让她放心。这时妈妈领着他们看笼子里的大猩猩。

"你们瞧，角落里那只正在吃苹果呢。"

"可是它们依然很强壮。"扬吃惊地注视着一只银灰色的大猩猩。

"没错，正是如此。"妈妈说，"那只银灰色的大猩猩是这群猩猩的首领，一般来说，它是其中唯一的公猩猩。"

"我也想当那只大猩猩。"爸爸向那只大猩猩投去羡慕的目光。

"妈妈，我渴死了。"一离开猩猩室丽欧尼就开始抱怨，可是她的目光又立刻被骆驼吸引住了。"看，它们看起来真甜蜜。"她高兴地凑上前去。

生素食——人类最原始的食物

人是由类人猿进化来的，我的原始食物主要是自然界中生的植物性食物。生肉对于我们来说很难消化。从几个世纪前开始，人们才越来越多地食用加工加热后的食物。有的人只吃水果（水果素食者）、只吃生的蔬菜（生素食者）或者只吃植物性食物（纯素食者），这些极端的饮食方式都是不适合儿童的，很容易造成疾病。

"你尝过了吗？"扬顽皮地问。

"去你的，笨蛋！"丽欧尼不高兴了。

"看呀，骆驼的驼峰扁塌塌的，爸爸，骆驼快渴死了吗？"扬担心地问。

"不是，它们只要吃点东西就好了。"妈妈说。

"真的吗？我以为驼峰里装的全是水呢，不是吗？"连爸爸也很惊讶。

"不，是脂肪。"妈妈说。

"那水在哪儿呢？"扬很想知道。

"这我也不太清楚。"妈妈承认说。

喝水让你精力充沛

我们人最多只能三天不喝水。我们不是骆驼，骆驼可以在短时间内喝大量的水，并把水长时间地储存在体内，这样它们就能在沙漠中存活很多天。如果你画一个圆，把它像切蛋糕一样分割成四份，把其中三份涂成蓝色，你就会看到，水占了你身体的多大比例。现在你一定明白了，为什么你每天至少要喝一升水。你上厕所、呼吸和出汗的时候都会流失水分。

"我现在能喝水了吧？"丽欧尼又开始抱怨了。

"还有我，我饿了。"扬大声说。

"我也是。"爸爸紧随其后。

"好吧，"妈妈叹了口气说，"赶在你们渴死饿死之前，我们最好去动物园的快餐厅。"

人有时候也可以不吃饭——斋戒

人们往往是出于宗教或健康的原因而斋戒。你一定听说过，有人几天或者几个星期不吃任何东西。人体内的脂肪、碳水化合物和蛋白质会在斋戒期内慢慢地分解、转化，由于体内的废物必须被排出，所以必须大量喝水。儿童绝不能斋戒。

"太好了，我要吃薯片和小香肠！"丽欧尼兴奋地喊起来，"还要一杯雪碧。"

"我以为……你再也不吃肉了，不是吗？"妈妈睁大了眼睛问。

"就这一次。"丽欧尼用央求眼神瞅着妈妈。

扬看着菜谱。

"我要一个汉堡，一杯草莓奶昔，还有……我能要一杯可乐吗？"

"好吧，仅此一次。"妈妈犹豫地答应了。她看了一眼爸爸，说："盖尔德，你呢？我们分吃半只鸡怎么样？"

"分吃？我一个人就能吃掉一只鸡！"爸爸不愿意了。"快，每人拿个盘子，看来我们注定做不了素食者了！"

快餐

3000 年前，希腊的商业街上就有为旅行者提供的价格便宜的"快餐"小吃了。那时候城市里的居民还可以去小餐馆，大型的斗兽场里也有向观众出售快餐的小摊，它们就相当于现在的快餐店、土耳其烤肉店、薯条店和小吃店。现在世界上最大的汉堡含有 5430 千焦耳的能量，超过了你每天所需的一半能量，但是它的营养价值很低，并不能满足你的身体需求，因此人们应该少吃快餐食品。

快餐食谱：炸香肠肉串，配菜：烤土豆和凝乳奶酪酱

（适合 4 个孩子食用，建议儿童一个月吃一次快餐，多吃对健康不利）

如果在家想吃快餐，就试试下面的食谱吧：

你需要：

- 1 只平底锅
- 1 把菜刀
- 1 块菜板
- 8 根木签
- 油

食材：

● 4 ~ 6 根小香肠

● 一只黄色的彩椒

● 250 克圣女果

● 1 小根西葫芦

把香肠切成 3 厘米厚的小块。把彩椒和西葫芦洗净，西葫芦切成 2 厘米厚的小块，彩椒切成适合食用的大小。把蔬菜和香肠都串在木签上，往锅里倒少量油，炸 5 分钟。

用香脆的烤土豆和凝乳做配菜：

你需要：

● 1 把菜刀

● 1 块菜板

● 2 只小碗

制作烤土豆的食材：

● 1 千克肉质硬的土豆

● 4 勺橄榄油

● 2 茶匙意大利干香草

● 2 茶匙巴马干酪

● 食盐

● 辣椒粉

● 蒜末

● 胡椒粉

把土豆清洗干净，切成两半。在一只小碗里放入干香草、辣椒粉和食盐，再倒入一半的橄榄油；在另一只小碗中放入巴马干酪，再倒进另一半的橄榄油进行搅拌。把两只小碗中的酱料分别涂抹在两半土豆上，把它们放在烤盘上放进烤箱，烤箱温度调到 200 摄氏度，烘烤 45 分钟。

制作炼乳奶酪酱需要 200 克炼乳和 100 克酸奶（脂肪含量 1.5%），把它们放在碗里搅拌均匀，用蒜末和胡椒粉调味。

一定会把每一个饥肠辘辘的"小野兽"喂得饱饱的！

家庭饮食中的乐趣

给父母的话

你已经看了很多，了解了最佳饮食是什么样的，尽管如此，你有时还是会疑惑：我的孩子营养全面吗？他需要的所有营养我都给他了吗？从媒体那里传来的信息是矛盾的，你知道，要做到这些并不是那么困难，但是你也知道，儿童在饮食方面有很特别的需求。尽管你想为孩子做到最好，可是你们在饮食问题上总是各执己见，所以有时候孩子吃饭的事情变得很难。我衷心地希望你能和孩子一同从这本书中找到灵感，轻轻松松地把你们的饮食安排得既营养又美味。

父母是孩子的榜样

孩子是通过模仿和经验来学习的，这些比父母的话更奏效。你会吃蝗虫吗？如果仅仅因为有人说它营养。父母是孩子最初的，也是最重要的榜样，你的生活方式、饮食习惯、教育方式都会对孩子产生重要的影响。如果你对孩子的饮食行为很伤脑筋，那么你就有必要审视一下自己的饮食习惯了。你会把自己不太爱吃的蔬菜推荐给孩子吃吗？如果你经常偷偷地吃巧克力，或者半夜洗劫冰箱，你还期待孩子少吃巧克力等甜食吗？这些不明确的信息会让孩子感到困惑，最好和孩子一起约定共同的原则，比如怎么对待甜食。

固定的口味还是大杂烩?

孩子喜欢固定的、熟悉的口味,他们总是希望吃到某几样爱吃的菜,例如,许多孩子喜欢番茄酱意大利面。孩子如果经常吃某样菜,可能某一天就觉得不好吃了,所以你不用担心,可以每天都做孩子最爱吃的菜,他的兴趣会自然地消退,转移到别的菜上去。你的孩子每天不止吃一餐,如果一整天的饮食搭配是符合食物金字塔的,他们就会获得所有需要的营养物质。即使孩子一星期都吃意大利面、番茄酱和奶酪,也是一种理想的食物组合。知道自己的盘子里都是什么,这对孩子来说很重要,因此最好给孩子区别很明显的食物,比如菠菜、荷包蛋和土豆泥。面对各种食物的大杂烩,孩子经常会因为讨厌吃其中的某一种食物而拒绝整盘菜。你要向孩子问清楚,究竟是哪样菜不好吃,不好闻,看起来很奇怪,或者是黏糊糊的很恶心……

口味是反复不断地训练出来的,因此,孩子不熟悉的菜要让他们多尝几次。但是,家长也要尊重孩子的选择,孩子拒绝某种食物有可能是天生的口味导致的,比如讨厌黏稠的东西(一些菌类),也可能是因为过敏和排斥(牛奶过敏、果糖过敏),这可能会导致胀气、腹痛和呕吐。

一起做决定很重要

和孩子一起制订一周的饮食计划吧。这样做一般会减轻家

长的负担，买菜、储存、预算都会变得简单，孩子对你做的菜也更容易接受。不妨带着孩子一起去买菜吧，孩子会像玩游戏一样，轻松地学会计划和计算，学会使用钱。

孩子很小的时候就能帮父母做饭，这主要可以锻炼他们手部的运动机能，在孩子品尝食物或者吮手指的时候，顺便还能训练味觉。几个月大的孩子就能撕卷心菜了，上幼儿园的孩子能用小刀切洋葱和烙饼，他们还能搅拌，在厨房里他们会真切地体验到化学和物理。孩子早期无意识地做家务的经验可能会对后来某种课程的学习有所帮助。

让孩子参与做饭，一开始自然比较费劲，一切都变慢了，之后收拾也变得更麻烦。但是不要被吓倒，这是值得的。你完全可以相信，你的孩子很快就会创造出各式各样的厨房艺术，这会令你感到惊喜，孩子会分担劳动，你会为他的独立而自豪。

共同进餐让家人团结在一起

共同进餐是件有趣的事。在很多文化中，人们庆祝节日的方式都是一家人聚在一起吃一顿美味、传统的大餐。固定的用餐时间会让我们一天的生活变得有规律，还可以避免不停地吃零食。让你的孩子知道，用餐也是一种享受，而不是浪费时间。与家人共同进餐，孩子能学会餐桌礼仪，学会倾听、交流，学会笑、享受和放松。餐桌上不要谈论有争议的话题，不要说"如果不吃蔬菜，你就别想吃饭后甜点"之类的话，这只会让孩子越来越讨厌吃蔬菜。饭后甜点是不能少的，可以让孩子吃一小份。争吵和压力会破坏每个人的食欲，应该在饭前或者饭后处理好争执。

餐桌上的拉锯战是怎么形成的？

在让孩子吃饱的同时，母亲还默默地满足了孩子的其他需求，拥抱、保护、爱抚、关怀，母亲为孩子奉献了一切，她们的存在就是为了孩子。当孩子越来越独立，开始独自吃饭，就要注意在日常生活中满足他们的其他需求。这有时候很难做到，妈妈在整整一天的工作之后回到家已经很疲惫了，但是，其实每天只要抽出半个小时的时间专心地陪孩子就足够了。一起用餐是一个很好的机会，很显然，孩子如果没有感觉到足够的关心、支持和重视，就会在用餐的时候想方设法地引起父母的关注，拉锯战就是这样开始的。父母要在饭后创造出一种温暖的感觉，就像我们被拥抱和被爱时的感觉。爱，经常在用餐的时候不知不觉地传达，所以德国人常说"爱的感觉从胃里开始"。孩子在餐桌上任性的时候，我们往往用甜点来抚慰他们，而不是用孩子真正需要的关爱，在这种情况下，我们其实并没有真正满足孩子的需求。出于嘴馋、无聊或者恐惧而吃东西是不能真正吃饱的，孩子如果是由于这些原因而吃饭，是不会感觉饱的，他们必须一直吃，以满

足精神上的饥饿。这种吃东西的瘾最后可能会发展成食欲过剩或贪食症。造成孩子饮食障碍的原因有很多，但是这些原因基本都来自家庭内部。

如果餐桌上的拉锯战无休无止

"不，我的孩子从不喝汤，你根本不用给他做汤；他看见土豆就作呕；只有开着电视他才吃饭；我的孩子从来不饿，他从来不吃饭；我把他带到餐桌上他就会跑开；我的孩子只吃干的东西；我的孩子只吃软的东西；我的孩子时刻都想吃东西，他从来不觉得饱；我的孩子总是偷偷地吃东西。"你有没有遇到过类似的问题呢？

孩子在婴幼儿时期就可能有饮食障碍，如果摄取营养的自我调节过程被扰乱了，就会造成饮食障碍，症状就是孩子吃得太多、吃得太少、极偏食，或者拒绝吃东西等，这些症状可能会持续几个星期到几个月。很多家长不愿意谈及此事，所以孩子的饮食障碍往往在上幼儿园或小学之后才暴露出来。

我的孩子不吃某样菜

"我的孩子一看见块状的食物就作呕……"这很可能是因为你的孩子排斥块状的东西，他嘴里的感觉（传感机构）或者嘴的运动机能和咀嚼系统有问题。在这种情况下，你就要考虑，你的孩子经历过什么事，这件事在他的生活中造成了什么特殊的后果。它的影响可能会从最初一直持续，直到孩子形成某种创伤性的记忆，例如它可能与某种食物联系起来。如果孩子排斥块状的食物，你最好不要给他吃成块的奶制品，比如干酪，最好给他液体的、糊状的或者坚硬的食物。

我孩子的饮食习惯很奇特

"我的孩子只用叉子吃饭；我的孩子只有边看电视才能吃得下饭；我的孩子只有听我唱完两首歌才肯吃饭；只要我把饭菜端上来我的孩子就立刻罢工……"如果在别的环境下，或者面对别人的时候孩子不会有这样的表现，那么这很可能就是孩子与你的餐桌拉锯战。这时你应该观察在什么样的情况下孩子会出现这样的行为，然后你也许就能消除引起问题的因素。总之，与孩子约定一个明确的原则，划定底线，这样做是大有帮助的。

"我的孩子只吃……"这也可能意味着孩子害怕陌生的新东西，你的孩子在其他的事情上也总是小心翼翼吗？让你的孩子坚强起来，在他觉得很艰难的时候给他勇气，培养他的独立性。可以用习惯好的小朋友的例子来鼓励他。

你能做些什么

父母对孩子饮食的干预应该是增加孩子吃东西的乐趣和享受，威胁和逼迫一般是不会成功的，而且往往会导致更严重的饮食障碍和拉锯战。

为了让孩子回归自然的自我调节，最好理清责任。父母的责任是为孩子提供丰富多样、营养均衡的食物，保证孩子的健康，至于把食物塞进嘴里和吞咽，这就是孩子自己的责任了。

如果情况还是没有改善，孩子的健康问题很严重，或者你作为家长感到不安和不堪重负，那么就去寻找专业的饮食和心理治疗吧。大部分城市都能找到这样的儿科医生和儿童医院。

西维亚·贝克－普勒斯特尔

于巴特菲尔伯尔